高等职业教育机械类专业系列教材

计算机绘图
（AutoCAD 2018）

主　编　王泽荫
副主编　李星瑞
参　编　孙文斐　杨　莉

机械工业出版社

本书共包括八个项目，分别是 AutoCAD 2018 软件基础、AutoCAD 2018 绘图环境、绘制简单图形、图形编辑、绘制简单零件图、绘制常见零件三视图并标注尺寸、绘制装配图、三维建模。本书注重高等职业教育机械制造类各专业相关岗位能力的要求，突出实践技能和动手能力的培养。为了便于教学，本书配有相关教学资源，选择本书作为教材的教师可登录 www.cmpedu.com 网站，注册、免费下载。

本书可作为高等职业院校机械制造类各专业的计算机绘图课程教材，也可供成人教育和其他相关工程技术人员使用或参考。

图书在版编目（CIP）数据

计算机绘图/王泽荫主编. —北京：机械工业出版社，2021.5（2024.9 重印）
高等职业教育机械类专业系列教材
ISBN 978-7-111-68021-5

Ⅰ.①计… Ⅱ.①王… Ⅲ.①机械设计-计算机辅助设计-应用软件-高等职业教育-教材②AutoCAD 软件-高等职业教育-教材 Ⅳ.①TH122 ②TP391.72

中国版本图书馆 CIP 数据核字（2021）第 068456 号

机械工业出版社（北京市百万庄大街 22 号　邮政编码 100037）
策划编辑：汪光灿　责任编辑：汪光灿　王海霞
责任校对：肖　琳　封面设计：张　静
责任印制：邰　敏
北京富资园科技发展有限公司印刷
2024 年 9 月第 1 版第 4 次印刷
184mm×260mm・8.75 印张・215 千字
标准书号：ISBN 978-7-111-68021-5
定价：29.80 元

电话服务　　　　　　　　　网络服务
客服电话：010-88361066　　机　工　官　网：www.cmpbook.com
　　　　　010-88379833　　机　工　官　博：weibo.com/cmp1952
　　　　　010-68326294　　金　书　网：www.golden-book.com
封底无防伪标均为盗版　　　机工教育服务网：www.cmpedu.com

前　言

党的二十大报告中指出"实施科教兴国战略，强化现代化建设人才支撑"，将"大国工匠"和"高技能人才"纳入国家战略人才行列，本书是为适应新时代高等职业教育发展的需求，体现高等职业教育办学特色，以培养高技能人才为目标，在反复论证、征求多方意见的基础上编写的。

本书针对高等职业教育越来越注重培养实践能力、创新能力的特点，以及软件内容不断更新的实际情况，本着"精选内容、重视基础、加强实践、培养能力"的原则，对内容进行了优化组合、改进和创新。

本书的主要特点是把 AutoCAD 2018 相关内容任务化，按照合理的顺序安排软件学习过程，大大提高了学生学习软件的兴趣，降低了学习难度。书中内容循序渐进，由易到难。图例采用彩色线型绘制，清晰明了，便于学生识图、绘图。

本书在编写过程中，贯彻"好教、好学、好用、够用"的原则，与教学内容、教学方法、教学手段相互协调，将抽象问题具体化、复杂理论简单化、理论知识实践化，并结合生源层次、岗位需求等因素，突出实践技能和动手能力的培养。

本书由甘肃机电职业技术学院王泽荫任主编，兰州交通大学李星瑞任副主编，参加编写的还有甘肃机电职业技术学院孙文斐、杨莉。具体编写分工如下：王泽荫编写项目四、项目五、项目六、项目八，李星瑞编写项目一、项目二，孙文斐编写项目三、附录，杨莉编写项目七。王泽荫负责全书的组稿和定稿工作。

本书建议学时为 60~80，分配见下表。

项　　目	建议学时	项　　目	建议学时
项目一　AutoCAD 2018 软件基础	6	项目五　绘制简单零件图	8~10
项目二　AutoCAD 2018 绘图环境	2~4	项目六　绘制常见零件三视图并标注尺寸	10~12
项目三　绘制简单图形	8~10	项目七　绘制装配图	12~16
项目四　图形编辑	4~8	项目八　三维建模	10~14

在本书编写过程中，兰州交通大学的李宗义教授，甘肃机电职业技术学院的张庆华副教授、石瑞芳老师给予了很大的帮助并提出了宝贵的意见和建议，在此深表感谢。

由于编者水平有限，书中疏漏和不妥之处在所难免，恳请各教学单位和读者批评指正。

编　者

目 录

前言
项目一　AutoCAD 2018 软件基础 …… 1
　任务一　界面介绍 ……………………… 1
　任务二　基本操作 ……………………… 4
　任务三　文件操作 ……………………… 9
　任务四　图形打印 ……………………… 11
项目二　AutoCAD 2018 绘图环境 …… 18
　任务　了解 AutoCAD 2018 绘图环境 … 18
项目三　绘制简单图形 …………………… 24
　任务一　绘制常用简单图形 …………… 24
　任务二　绘制图形样板 ………………… 31
项目四　图形编辑 ………………………… 43
　任务一　图形的编辑与修改 …………… 43
　任务二　图块的创建 …………………… 50
项目五　绘制简单零件图 ………………… 53
　任务一　绘制三视图 …………………… 53
　任务二　绘制轴测图 …………………… 59
　任务三　绘制剖视图 …………………… 63
项目六　绘制常见零件三视图并标注
　　　　　尺寸 …………………………… 66
　任务一　绘制视图并标注尺寸 ………… 66
　任务二　绘制轴套类零件图 …………… 69
　任务三　绘制叉架类零件图 …………… 81
项目七　绘制装配图 ……………………… 92
　任务　"带基点复制"绘制装配图 …… 92
项目八　三维建模 ………………………… 102
　任务一　三维建模基础 ………………… 102
　任务二　绘制基本三维实体 …………… 105
　任务三　绘制一般三维实体 …………… 110
　任务四　编辑三维实体 ………………… 114
　任务五　绘制机械零件三维实体 ……… 119
附录　练习题 ……………………………… 126
参考文献 …………………………………… 136

项目一

AutoCAD 2018软件基础

计算机辅助设计（Computer Aided Design，CAD）是指利用计算机的计算功能和图形处理功能，对产品进行辅助设计、分析、修改和优化。它综合了计算机知识和工程设计知识的成果，并且随着计算机硬件性能和软件功能的不断提高而逐渐完善。本项目将介绍软件的基本知识，从而快速对 CAD 软件建立基本的认知。

> **知识目标**
> 1）熟悉 AutoCAD 2018 的界面。
> 2）掌握 AutoCAD 2018 的基本操作方法。
> 3）掌握 AutoCAD 2018 的文件操作方法。
> 4）掌握 AutoCAD 2018 的图形打印操作方法。
>
> **技能目标**
> 能够熟练进行 AutoCAD 2018 的基本操作。
>
> **重点和难点**
> 1）设置 AutoCAD 2018 工具栏。
> 2）AutoCAD 2018 图形缩放、点坐标的输入方法。

任务一　界面介绍

双击桌面上的 AutoCAD 2018 快捷方式图标，启动 AutoCAD 2018 应用程序后，弹出启动界面，默认为【开始】选项卡，其中包括【创建】和【了解】两个界面，分别如图 1-1 和图 1-2 所示。

【创建】页面由【快速入门】、【最近使用的文档】和【连接】三个区域组成。在【快速入门】区域可以完成新建图形文件、打开已保存文件等操作；在【最近使用的文档】区域可以浏览或打开最近使用的文档；在【连接】区域可以"登录到 A360"访问联机服务，向 Autodesk 公司发送反馈信息。

【了解】页面由【新增功能】、【快速入门视频】、【学习提示】和【联机资源】四个区域组成，可以通过这些区域对 AutoCAD 2018 有一个快速的了解。

AutoCAD 2018 提供了【草图与注释】、【三维基础】和【三维建模】等工作空间模式。

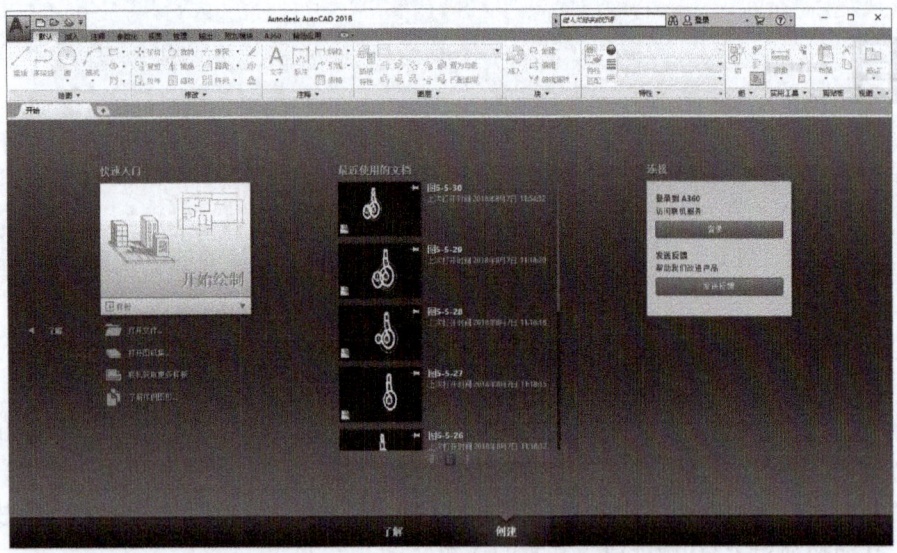

图 1-1　AutoCAD 2018 启动界面（【创建】页面）

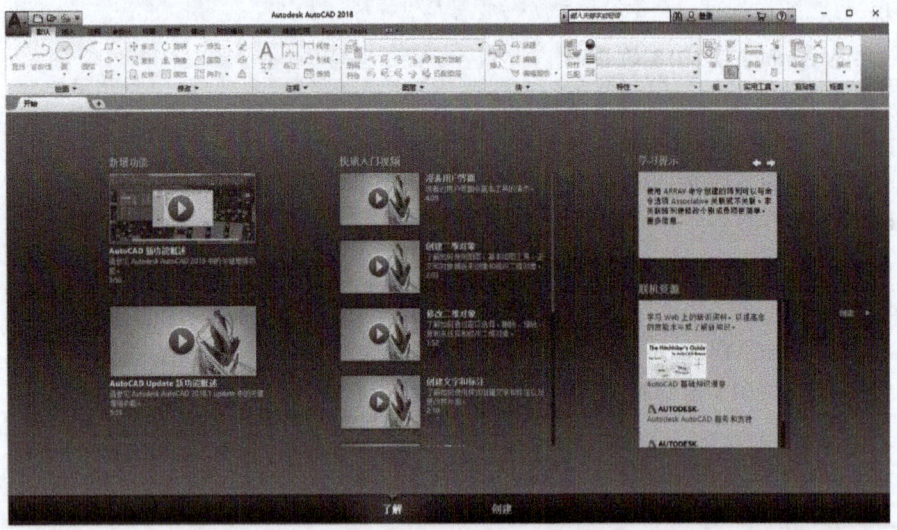

图 1-2　AutoCAD 2018 启动界面（【了解】页面）

用户可以根据自己的喜好对工作空间进行修改，自定义工作空间。一般情况下选择【草图与注释】即可。

【草图与注释】界面由标题栏、快速访问工具栏与工具栏、菜单栏、功能区、绘图窗口、十字光标、坐标系、命令行与文本窗口、状态栏、导航栏、【模型】与【布局】选项卡等元素组成，如图 1-3 所示。

1. 标题栏

AutoCAD 2018 标题栏用于显示当前正在运行的程序名称以及正在操作的文件等信息，右侧是最小化、最大化和关闭按钮———□X。

2. 菜单栏

AutoCAD 2018 菜单栏提供了几乎所有的命令和功能，单击任意一个菜单，将弹出一个下拉菜单，从中可以选择需要的命令。

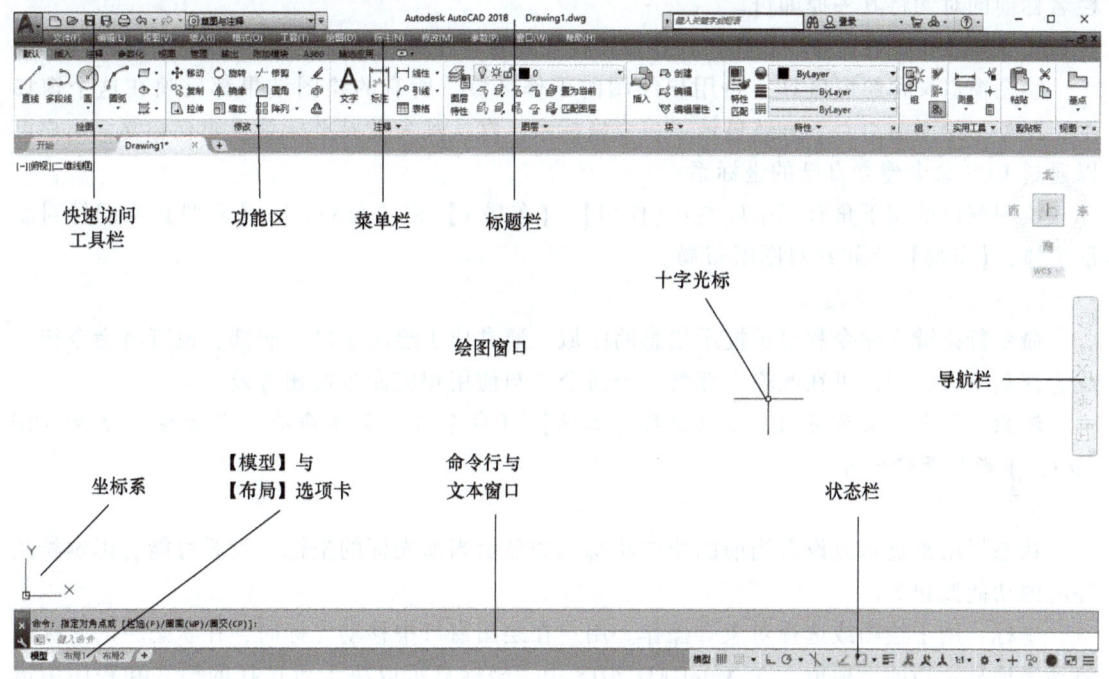

图1-3 【草图与注释】界面

3. 快捷菜单

快捷菜单是在不启动菜单栏的情况下，在一些区域单击鼠标右键时弹出的一个菜单，该菜单中的命令与AutoCAD 2018当前状态相关联，可以快速、高效地完成某些操作。

4. 功能区

功能区由一系列选项卡组成，包括【默认】、【插入】、【注释】、【参数化】、【视图】、【管理】、【输出】、【附加模块】、【A360】和【精选应用】等，每个选项卡中又有若干个按照一定次序排列的命令按钮。

显示面板上有一些工具按钮在默认状态下并不显示，可以通过单击面板标题右侧的下拉箭头 ▼ 来显示不同的按钮；单击【图钉】 可以固定隐藏的按钮。

显示面板上的某类工具按钮在默认状态下只显示其中一个按钮，可以通过单击该按钮右侧的下拉箭头 ▼ 来显示其他按钮。

某些功能区的显示面板提供了与该面板相关的对话框，通过单击该显示面板右下角的箭头 ，来启动相应的对话框。

5. 工具栏

除了功能区提供的绘图用的按钮工具，还可以使用工具栏来完成绘图操作。工具栏可以根据需要定制，可以被设定成固定或者浮动状态。

打开工具栏的方法：在任意一个工具栏上单击鼠标右键，在弹出的快捷菜单中选择某个菜单项，即可打开相应的工具栏。也可以通过执行【工具】|【工具栏】|【AutoCAD】菜单命令下对应的子菜单命令来打开AutoCAD 2018的各种工具栏。

关闭工具栏的方法：在工具栏上单击鼠标右键，在弹出的快捷菜单中单击要关闭的工具栏名称前的对钩将其去掉即可。

6. 绘图窗口

绘图窗口又称绘图区域，是用户绘图的工作区域，所有的绘图结果都反映在这个窗口中。此外，绘图窗口左下方还显示了一个坐标系，默认其为世界坐标系。如有必要，用户可以通过UCS命令建立自己的坐标系。

绘图窗口的左下角有三个标签：【模型】、【布局1】和【布局2】。【模型】空间针对图形实体，【布局】空间针对图纸布局。

7. 命令行与文本窗口

命令行是键入命令和显示提示信息的区域，通常位于绘图窗口的底部，也可将命令行拖放为浮动窗口，用户可在此输入任意一个命令，与使用相应命令按钮等效。

注意：命令行若被关闭，可以执行【工具】|【命令行】菜单命令，或者按组合键<Ctrl+9>，重新打开命令行。

8. 状态栏

状态栏用来显示或设置当前的绘图状态，如显示当前光标的坐标、设置可能会影响绘图环境的功能按钮等。

坐标：用于绘图或选择对象等操作。用户在绘图窗口中移动光标时，在状态栏的坐标区将动态地显示当前坐标值。在AutoCAD 2018中，坐标显示取决于所选择的模式和程序中运行的命令，共有相对、绝对、地理和特定四种模式。

功能按钮：状态栏中包括【栅格】、【捕捉模式】、【推断约束】、【动态输入】、【正交模式】、【极轴追踪】、【等轴测草图】、【对象捕捉追踪】、【二维对象捕捉】、【线宽】、【透明度】、【选择循环】、【三维对象捕捉】和【动态UCS】等共29个功能按钮。

任务二　基本操作

一、命令的输入与终止

1. 命令的输入

输入命令的方法如下：
- 单击工具按钮。
- 从下拉菜单中直接执行命令。
- 使用快捷键。
- 在命令行中直接输入命令。

2. 命令的终止

终止命令的方法如下：
- 命令正常执行完后自动终止。
- 在命令执行过程中按<Esc>键、<Enter>键或者空格键终止。
- 在命令执行过程中右击绘图窗口，在快捷菜单中选择【确认】或者【取消】命令。
- 从菜单栏或工具栏中调用另一个命令，当前正在执行的命令将自动终止。

二、命令的重复与撤销

1. 命令的重复

重复命令的方法如下：

- 按空格键或<Enter>键重复执行上次所用命令。
- 右击绘图窗口，在快捷菜单中选择【重复】。
- 右击绘图窗口，在快捷菜单中选择【最近的输入】，从列出的六条近期使用过的命令中选择需要执行的命令。

2. 命令的撤销

撤销命令的方法如下：

- 工具栏：单击【放弃】按钮。
- 菜单栏：单击【编辑】|【放弃】。
- 快捷键：按<Ctrl+Z>组合键。
- 命令行：U ↙⊖ 或 UNDO ↙。

三、图形的缩放

在使用 AutoCAD 2018 绘图时，用户所看到的图形都处于绘图窗口中，使用【缩放】命令可以增大或减小图形在绘图窗口中的显示比例，但不会改变图形实际尺寸的大小。执行【缩放】命令的4种方法如下：

- 导航栏 单击导航栏中【范围缩放】按钮下的三角形，选择"实时缩放"或"窗口缩放"完成图形的缩放，如图1-4所示。
- 菜单栏 单击【视图】|【缩放】，在【缩放】菜单中选择相应的命令，如图1-5所示。

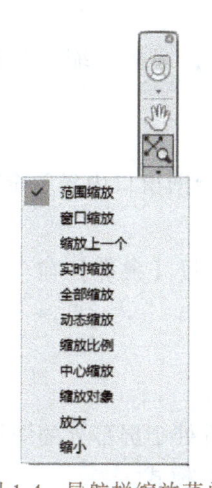

图1-4 导航栏缩放菜单

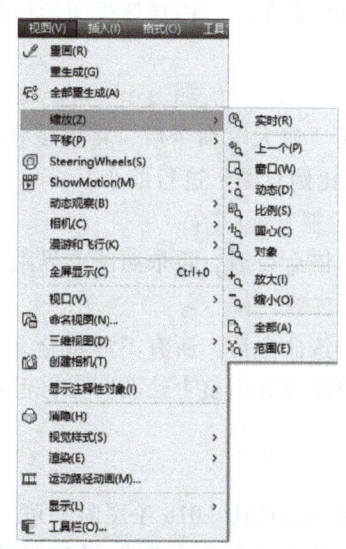

图1-5 【缩放】菜单

⊖ ↙表示<Enter>键。

- 鼠标操作　滚动鼠标滚轮进行缩放。
- 命令行　Z↵或ZOOM↵。

【缩放】菜单中各命令的说明如下。

1. 实时（R）

选择该命令后，光标变为放大镜图标。按住鼠标左键向上移动光标，可放大图形；按住鼠标左键向下移动光标，可缩小图形。如果要退出实时缩放状态，可按<Esc>键、<Enter>键或者空格键，或者单击鼠标右键，在弹出的快捷菜单中选择【退出】命令。

2. 上一个（P）

选择该命令后，显示上一次的图形状态。

3. 窗口（W）

选择该命令后，在绘图窗口内拾取矩形的两个对角点，系统将用户确定的矩形充满整个绘图窗口，矩形内的图形即被放大。

4. 动态（D）

选择该命令后，先临时显示整个图形，同时自动构造一个可移动的视图框，用此视图框来确定新视图的位置和大小。

5. 比例（S）

选择该命令后，图形的中心点位置不变，允许用户输入新的缩放比例系数对图形进行缩放。

6. 圆心（C）

选择该命令后，用户可以直接在绘图窗口选择一个点作为新的中心点，然后输入放大系数或新视图的高度。如果在输入的数值后加上字母"X"，表示放大系数；如果未加"X"，则表示新视图的高度。

7. 对象

选择该命令后，用户选择图形后按 Enter 键，所选择的图形将最大限度地显示在图形窗口内。

8. 放大（I）和缩小（O）

选择"放大"命令后，将以 2 倍的比例对图形进行放大；选择"缩小"命令后，将以 0.5 倍的比例对图形进行缩小。

9. 全部（A）

选择该命令后，将依照图形界限或图形范围的尺寸，在绘图窗口内显示全部图形。

10. 范围（E）

选择该命令后，所有图形将全部显示在绘图窗口 A 中，与【全部】命令不同的是，它将最大限度地充满整个绘图窗口，但与图形的边界无关。

四、图形的平移

使用 AutoCAD 2018 绘图时，可以使用【平移】命令查看处于屏幕外的图形。图形的平移有两种模式：【实时平移】模式和【点平移】模式。

1. 【实时平移】模式

- 导航栏：单击【实时平移】按钮。

- 菜单栏：单击【视图】|【平移】|【实时】。
- 鼠标操作：按住鼠标滚轮移动鼠标。
- 命令行：PAN↙。

2. 【点平移】模式
- 菜单栏：单击【视图】|【平移】|【点】。
- 命令行：-PAN↙。

五、图形的重画和重生成

1. 图形的重画

在绘制一些比较复杂的图形时，绘图区常会留下一些用来指示对象位置的标记点，可通过重画命令来刷新当前视图中的图形，以消除残留的标记点。

执行【重画】命令的方法如下：
- 菜单栏：单击【视图】|【重画】。
- 命令行：REDRAWALL↙或REDRAW↙。

2. 图形的重生成

如果用【重画】命令刷新后仍不能正确显示图形，则可调用【重生成】命令。【重生成】命令不仅刷新显示，而且更新图形数据库中所有图形对象的坐标，因此，使用该命令可以准确地显示图形数据。

执行【重生成】命令的方法如下：
- 菜单栏：单击【视图】|【重生成】。
- 命令行：REA↙、REGENALL↙或REGEN↙。

六、对象的选择

1. 选择对象的方法

（1）**直接拾取**　移动鼠标，拾取想要选择的对象后单击鼠标左键，被选择的对象会加亮显示，表示已被选中。

（2）**默认矩形窗口选择方式**　将鼠标移动到空白处单击鼠标左键后，AutoCAD 2018会提示："指定对角点"，此时移动鼠标指定矩形的对角点将对象选中。

默认矩形窗口选择时有以下两种方式：

1）从左向右选择。位于矩形窗口内的对象均被选中，而位于窗口外和被窗口部分覆盖的对象不会被选中，如图1-6所示。这种方式称作完全窗口方式。

2）从右向左选择。位于矩形窗口内的对象和与窗口边界相交的对象均被选中，如图1-7所示。这种方式称作交叉窗口方式。

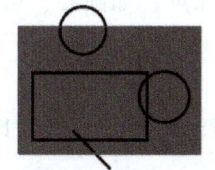
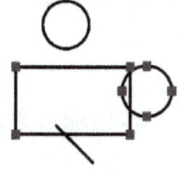

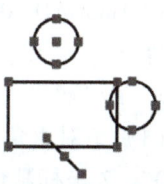

图1-6　从左向右选择　　　　　图1-7　从右向左选择

（3）圈围、圈交选择方式　圈围和圈交选择方式都是通过在待定对象周围指定一个点来画出一个不规则的封闭图形作为窗口来选取对象，方法是按住鼠标左键拖动绘制。不同的是，圈围是沿顺时针方向画封闭图形，而窗交是沿逆时针方向画封闭图形。类似于矩形选择，只有在圈围封闭图形中的对象才会被选中，如图1-8所示；而只要是碰触到圈交封闭图形的对象都会被选中，如图1-9所示。

图1-8　圈围选择　　　　　　　　　图1-9　圈交选择

2. 选择全部对象

提示选择对象时在命令行输入"ALL"后，AutoCAD 2018会选中绘图窗口中的全部对象，或者直接使用快捷键<Ctrl+A>选取所有对象。

3. 去掉选择对象

在按住<Shift>键的时候，可以使用任何对象选择方法从当前选择集中去掉选择对象。

七、鼠标的用法

1. 左键

左键用于拾取屏幕上的点、对象、菜单命令选项、工具栏或导航栏按钮等。

2. 右键

在绘图过程中，用户可以随时在绘图窗口单击鼠标右键，AutoCAD 2018将根据当前操作弹出一个快捷菜单，用户可以选择执行相应的命令。

3. 滚轮

滚轮用于视图缩放与平移。滚动滚轮可以缩放图形，按住滚轮的同时移动鼠标可以平移视图。

八、点坐标的输入

在AutoCAD 2018中，既可以使用鼠标拾取点，也可以通过键盘输入点坐标。

1. 使用鼠标在屏幕上拾取点

在绘图窗口移动鼠标，将光标移到相应的位置，AutoCAD 2018一般会在状态栏中动态地显示出光标的当前坐标，单击鼠标左键即可确定点的位置。

2. 利用对象捕捉方式捕捉特殊点

用AutoCAD 2018提供的对象捕捉功能，可以准确地捕捉到一些特殊点，如圆心、切点、中点等。

3. 通过键盘输入点坐标

（1）绝对直角坐标　用X、Y、Z坐标值表示点，各坐标值之间用逗号隔开，如"100，80，0"。Z坐标默认为0，可以不输入。

（2）绝对极坐标　极坐标用于表示二维点，表示方法为"距离<角度"。距离表示该点与

坐标原点的距离，角度表示该点和坐标原点的连线与 X 轴正方向之间的夹角，如"160<45"。

（3）相对直角坐标　用相对于上一已知点的绝对直角坐标值的增量来确定输入点的位置。输入 X、Y 增量时，前面必须加"@"，其格式为"@X，Y"。例如，A 点的绝对直角坐标为"20，30"，B 点的绝对直角坐标为"35，20"，则 B 点相对于 A 点的相对直角坐标为"@15，-10"。

（4）相对极坐标　用相对于上一已知点的距离以及和上一已知点的连线与 X 轴正方向之间的夹角来确定输入点的位置，格式为"@长度<角度"，如"@145<60"。

提示： 如果开启了状态栏上的【动态输入】功能，则对于第二点和后续输入的点，系统会自动以相对坐标表示，即在坐标值前自动加一个"@"。

任务三　文件操作

一、新建图形文件

执行【新建】命令的方法如下：
- 工具栏/快速访问工具栏：单击【新建】按钮。
- 菜单栏：单击【文件】|【新建】。
- 快捷键：按<Ctrl+N>组合键。
- 命令行：NEW↙或 QNEW↙。

执行【新建】命令后会弹出【选择样板】对话框，如图 1-10 所示，选择样板文件"acadiso.dwt"后双击或单击【打开】按钮。

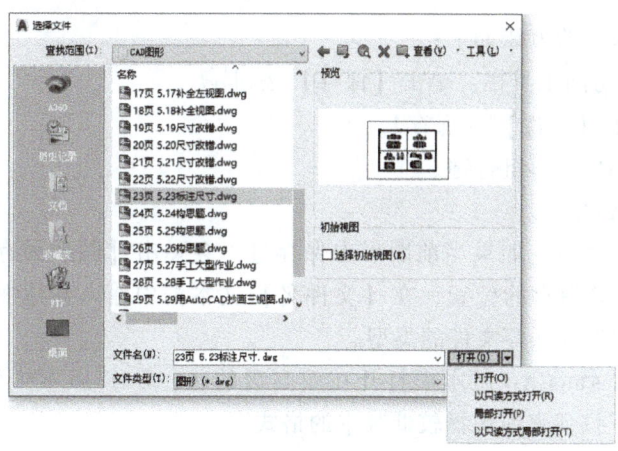

图 1-10　【选择样板】对话框

二、打开图形文件

执行【打开】命令的方法如下：
- 工具栏/快捷访问工具栏：单击【打开】按钮。
- 菜单栏：单击【文件】|【打开】。

- 快捷键：按<Ctrl+O>组合键。
- 命令行：OPEN↙。

执行【打开】命令后会弹出【选择文件】对话框，如图1-11所示，选择要打开的文件后双击或单击【打开】按钮。

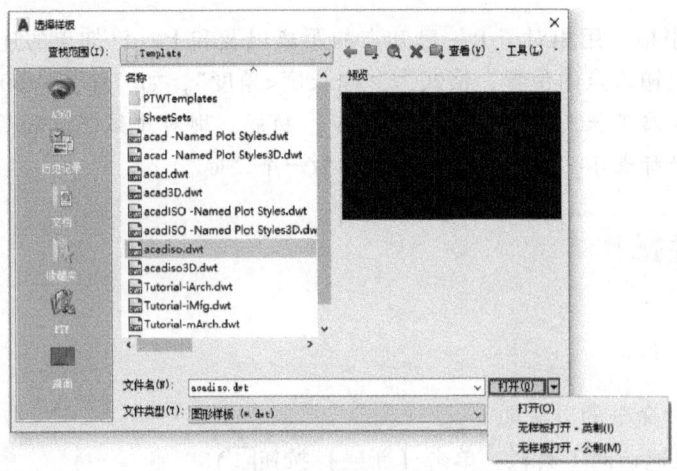

图1-11 【选择文件】对话框

三、保存图形文件

AutoCAD 2018保存图形文件的方式有以下两种。

1. 快速保存

执行【保存】命令的方法如下：

- 工具栏/快捷访问工具栏：单击【保存】按钮💾。
- 菜单栏：单击【文件】|【保存】。
- 快捷键：按<Ctrl+S>组合键。
- 命令行：QSAVE↙。

执行【保存】命令后，如果当前图形未保存过，会弹出【图形另存为】对话框，如图1-12所示，选择文件要保存的位置，在【文件名】文本框中输入新建图形的名称，在【文件类型】下拉列表中选择保存文件的类型。

当需要在较低的AutoCAD版本中打开在较高级的AutoCAD版本中创建的图形文件时，应在【文件类型】下拉列表中选择较低版本的格式。

2. 换名保存

执行【另存为】命令的方法如下：

- 菜单栏：单击【文件】|【另存为】。
- 快捷键：按<Ctrl+Shift+S>组合键。
- 命令行：SAVE↙或SAVEAS↙。

提示：SAVE与SAVEAS命令是有区别的，执行SAVE命令以后，原来的文件仍为当前文件；而执行SAVEAS命令以后，另存的文件成为当前文件。

项目一　AutoCAD 2018软件基础

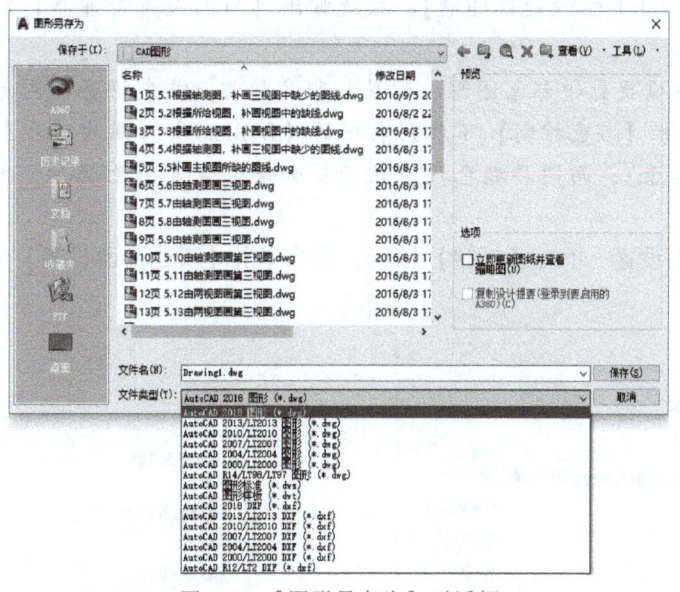

图1-12　【图形另存为】对话框

四、关闭图形文件

执行【关闭】命令的方法如下：

- 工具栏：单击绘图窗口上边的【关闭】按钮 ![×] 。

提示：不是标题栏右上角的【关闭】按钮 ![×] 。

- 菜单栏：单击【文件】|【关闭】或者【窗口】|【关闭】。
- 命令行：CLOSE ↙。

执行关闭命令后，系统会弹出警告信息框，如图1-13所示。选择【是】存盘，选择【否】放弃修改，选择【取消】将回到AutoCAD 2018绘图环境。

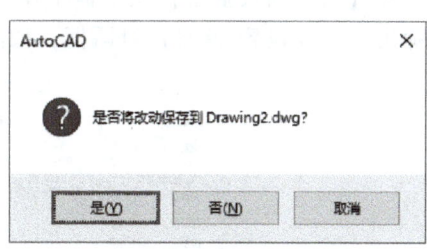

图1-13　警告信息框

任务四　图形打印

AutoCAD 2018提供了两种工作环境：模型空间和图纸空间。默认情况下，图形的绘制是在模型空间完成的，模型空间的绘图区域大、范围广，任何尺寸的图形均可按1∶1的比例绘制。若仅用单一比例进行打印，应首先在模型空间出图。若图样采用不同的绘图比例，而且需要在同一图纸上出几张"图形"，则必须在图纸空间出图。

一、模型空间打印文件

1. 确定页面设置参数

在此以图7-1所示的底座零件图为例，介绍图形打印的设置方法。

11

单击【文件】|【页面设置管理器】，系统弹出【页面设置管理器】对话框，如图1-14所示。

提示：如果不需要打印彩色图形，设置打印参数前，首先将全部图形选中，然后选择【对象属性】工具栏【颜色控制】下拉列表中的【ByBlock】（随块）按钮，则图形显示全部为黑色（白色背景），而图层颜色没有改变；如果要恢复彩色显示，则选择【ByLayer】（随层）按钮。

(1) 新建页面设置　单击【新建】按钮，系统弹出【新建页面设置】对话框，如图1-15所示。

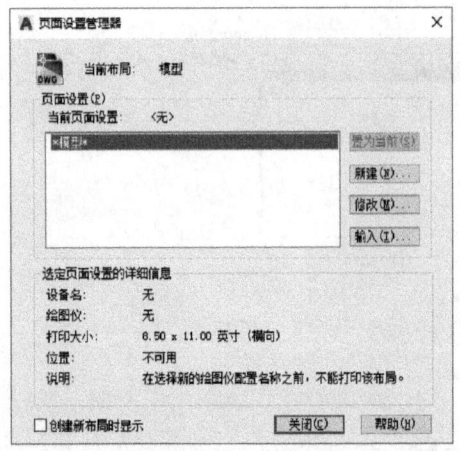
图1-14　【页面设置管理器】对话框

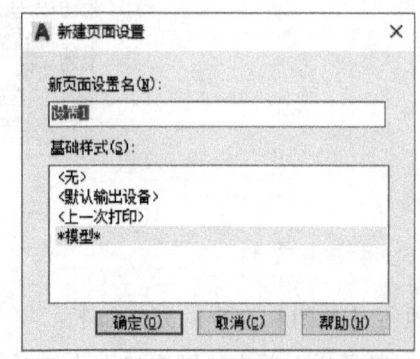
图1-15　【新建页面设置】对话框

在【新页面设置名】文本框中输入名称，系统默认"设置1"，单击【确定】按钮。系统弹出【页面设置-模型】对话框，如图1-16所示。

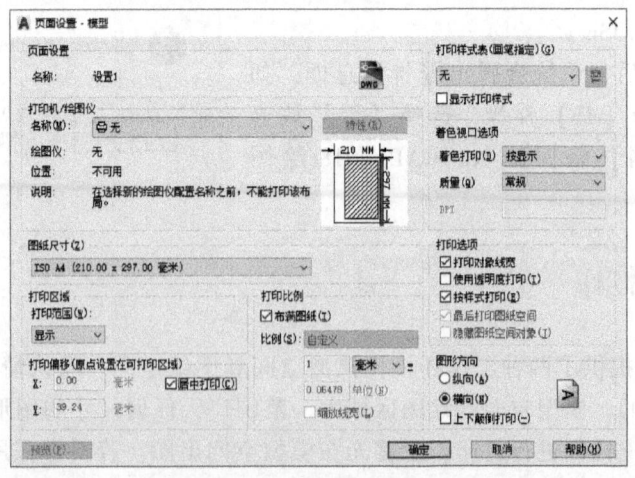
图1-16　【页面设置-模型】对话框

(2) 确定打印设备　在【打印机/绘图仪】选项卡的【名称】下拉列表中选择与计算机相连接的打印机名称。

(3) 确定图纸幅面　在【图纸尺寸】选项卡的下拉列表中选择图纸幅面。

(4) 确定打印区域　【打印区域】选项卡的【打印范围】下拉列表中包含四个选项，即【窗口】、【范围】、【图形界限】和【显示】。

【窗口】选项可打印指定图形的任何部分。选择该选项后，系统返回绘图窗口，移动光标拾取打印区域的对角点，或者输入坐标值。

【范围】选项可打印图样中的所有图形对象。

【图形界限】选项可打印【图形界限（limits）】命令设置的图形界限中的所有元素。

【显示】选项可打印整个绘图窗口当前显示的图形。

(5) 确定打印位置　在【打印偏移】选项卡中确定图形在图纸上的打印位置。【居中打印】是指在图纸正中间打印图形。【X】、【Y】是指打印原点在X、Y方向上偏移点的距离。

(6) 确定打印比例　在【打印比例】选项卡中确定图形在图纸上的打印比例。打印图形时，需要根据图纸尺寸确定打印比例，可以在【比例】下拉列表中选择标准缩放比例值，也可以自定义比例值。若选择【布满图纸】选项，则图形将自动缩放充满选定的图纸界面。

(7) 确定打印样式　在【打印样式表】选项卡的下拉列表中选择【无】选项。

(8) 确定打印方向　【图形方向】选项卡中包含三个选项，即【纵向】、【横向】、【上下颠倒打印】。

【纵向】是指图形在图纸上是竖直放置的。

【横向】是指图形在图纸上是水平放置的。

【上下颠倒打印】是指图形颠倒打印，该选项可与【纵向】、【横向】结合使用。

(9) 预览打印效果　以上参数设置完成后，单击【预览】按钮，观察打印效果，如果不合适可重新调整。调整结束单击【页面设置-模型】对话框中的【确定】按钮，然后单击【页面设置管理器】对话框中的【置为当前】按钮，最后单击【关闭】按钮，完成页面设置。

底座零件图打印参数设置如图1-17所示，预览效果如图1-18所示。

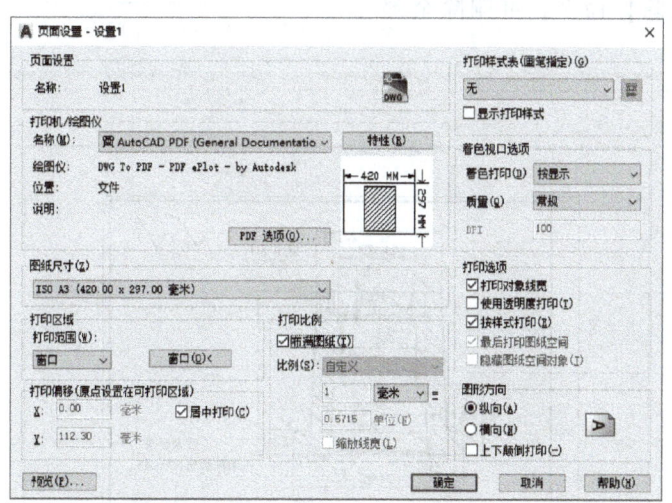

图1-17　底座零件图【页面设置-设置1】对话框

2. 打印图形

页面设置完成后，单击【文件】|【打印】，系统弹出【打印-模型】对话框，如图1-19所示。单击【确定】按钮，开始打印出图。

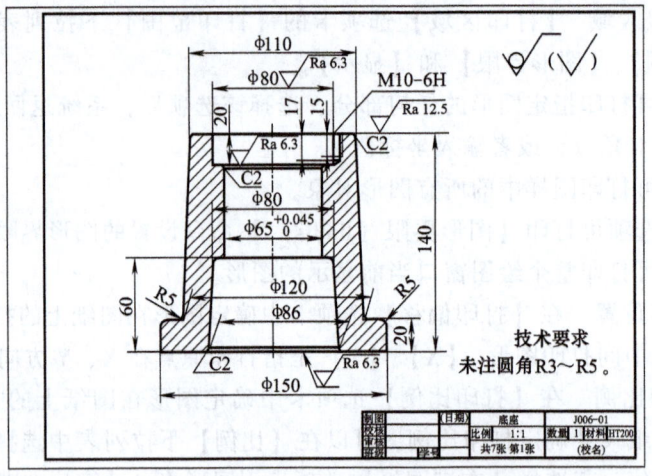

图 1-18 底座零件图模型空间打印预览

二、图纸空间打印文件

1. 创建视口

1）单击【布局1】按钮,系统由模型空间切换为图纸空间,如图 1-20 所示。在图纸空间中,坐标系的图标显示为三角板形状,图中显示的白色矩形轮廓框是当前输出设备配置的图纸大小,虚线表示图纸可打印区域的边界。

2）执行【删除】命令,可删除全部图形。

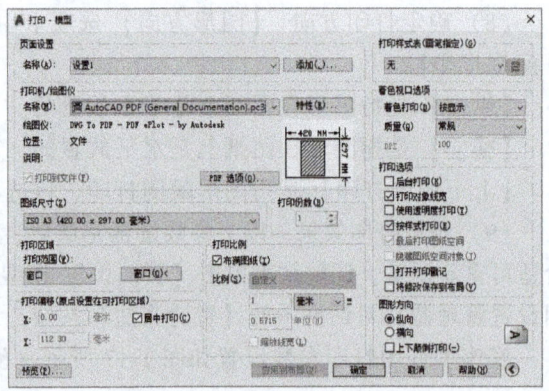

图 1-19 【打印-模型】对话框

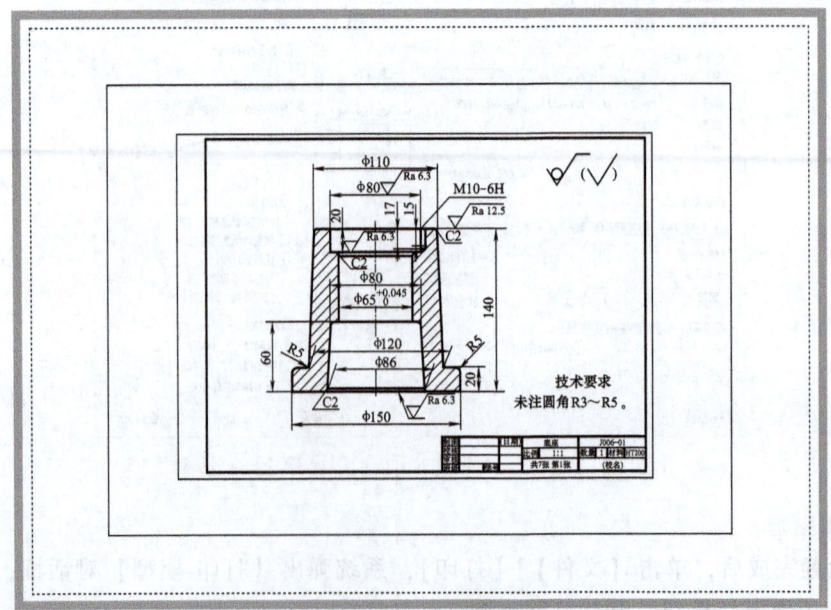

图 1-20 图纸空间

3）执行【视图】|【视口】|【新建视口】命令，视口排列方式选择【水平】，根据提示选择视口的两个角点，新建两个视口，如图1-21所示。

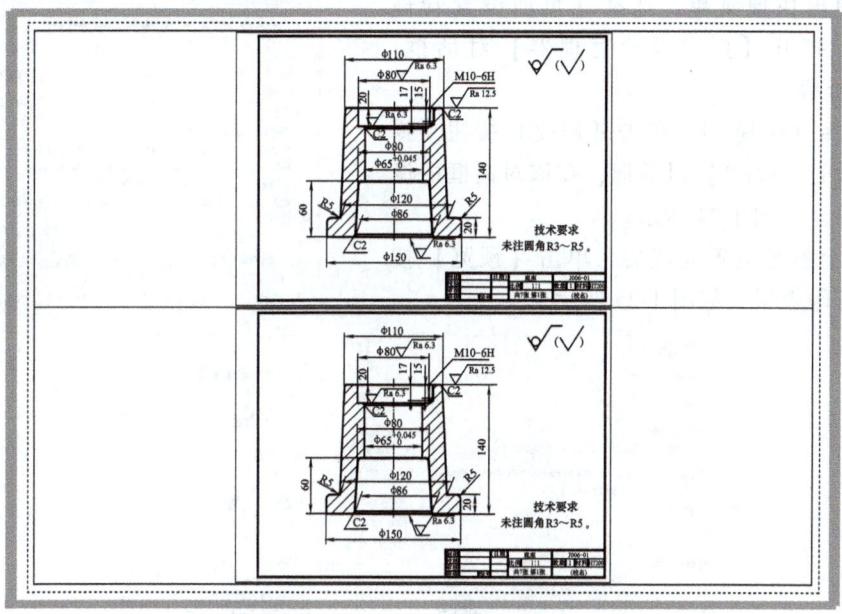

图1-21　新建两个视口

4）鼠标双击上面的视口，激活视口，调整图形显示位置及显示比例，如图1-22所示。

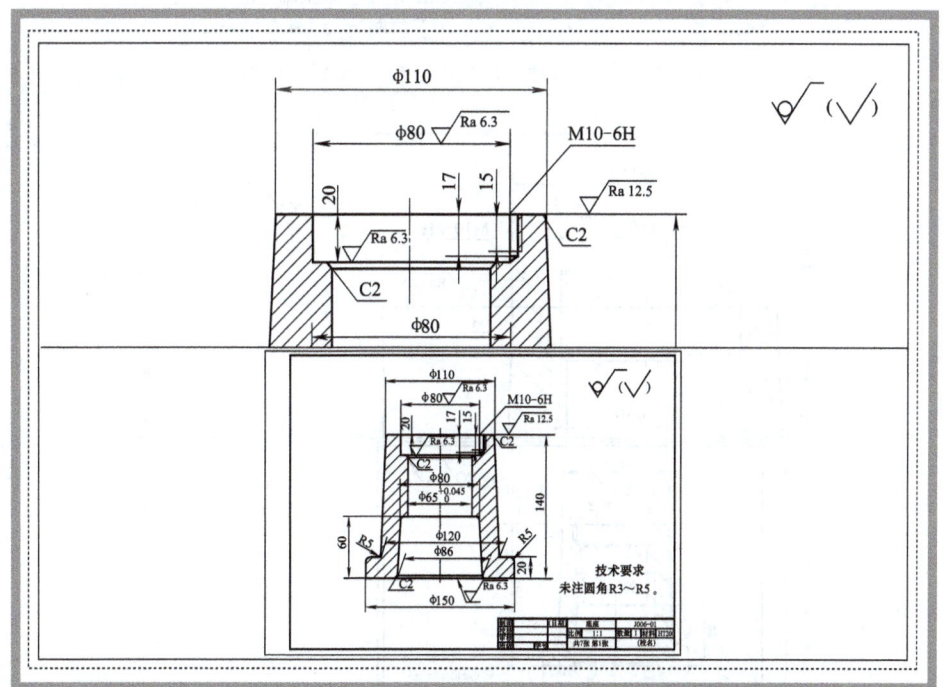

图1-22　调整视口和图形位置

5）在视口外的任意位置双击，可取消视口激活状态。

2. 确定页面设置参数

1）将光标放在【布局 1】按钮上，单击鼠标右键，弹出快捷菜单，选择【页面设置管理器】选项，打开【页面设置管理器】对话框，如图 1-23 所示。

2）选择【布局 1】，单击【修改】按钮，弹出【页面设置-布局 1】对话框，在该对话框中设置各项参数，如图 1-24 所示。

3）以上参数设置完成后，单击【预览】按钮，观察打印效果，如图 1-25 所示。

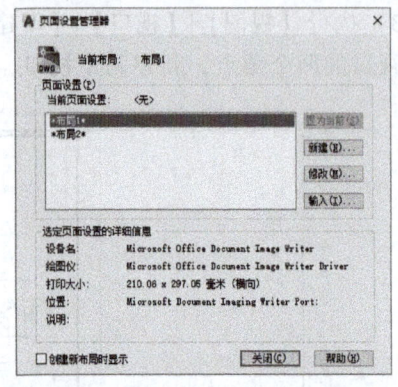

图 1-23 【页面设置管理器】对话框

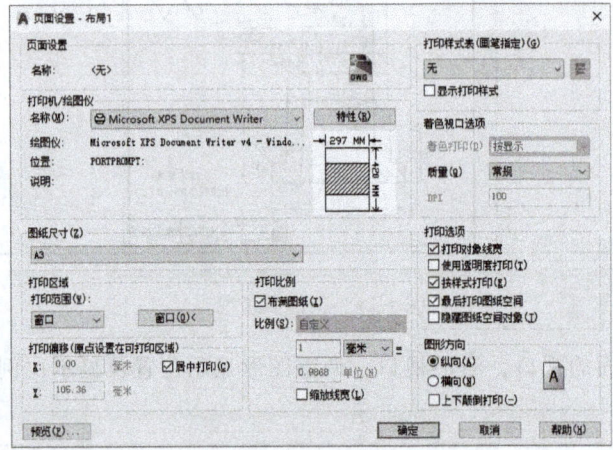

图 1-24 底座零件图【页面设置-布局 1】对话框

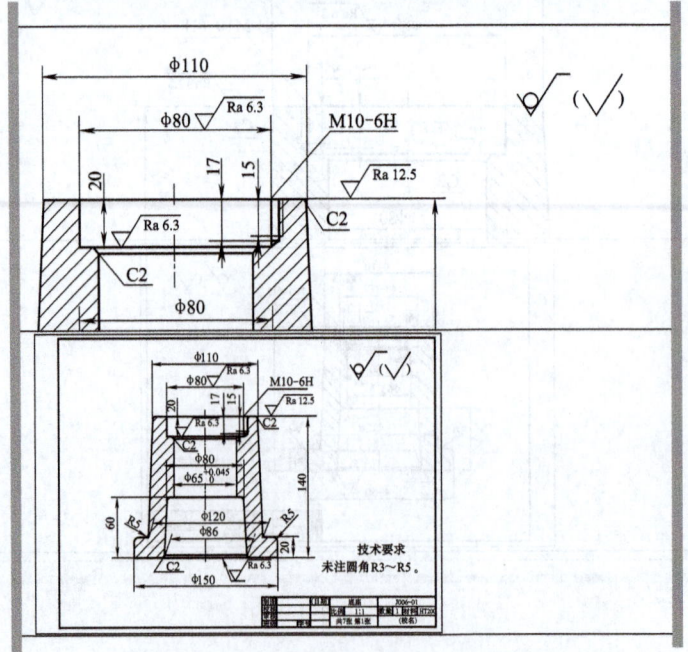

图 1-25 底座零件图图纸空间打印预览

项目一　AutoCAD 2018软件基础

3. 打印图形

页面设置完成后，单击【文件】|【打印】，系统弹出【打印-模型】对话框。单击【确定】按钮，开始打印出图。

提示：在图纸空间所做的设置对模型空间没有影响，模型空间仍然只有一个图形。

项目二

AutoCAD 2018绘图环境

在使用 AutoCAD 2018 绘制图形前,需要对绘图环境进行相应的设置,如图形界限、工作空间、工具选项、图层、绘图单位等,只有设置了正确的绘图环境,才能保证绘图的准确性和正确性。同时,设置适合自己的绘图环境有利于提高绘图效率。本项目简单介绍部分绘图环境的设置方法,剩余内容将穿插在后续项目中介绍。

知识目标
1) 熟悉 AutoCAD 2018 绘图环境的组成及其作用。
2) 掌握 AutoCAD 2018 绘图环境的初步设置方法。
3) 掌握 AutoCAD 2018 绘图环境各组成部分的内容。

技能目标
1) 能够熟练设置 AutoCAD 2018 的绘图单位和窗口颜色。
2) 能够熟练使用 AutoCAD 2018 的草图设置。

重点和难点
1) AutoCAD 2018 绘图单位的设置。
2) AutoCAD 2018 状态栏中常用按钮的使用。

任务 了解 AutoCAD 2018 绘图环境

一、设置图形界限

图形界限是绘图的范围,相当于手工绘图时的图纸大小。设置合适的图形界限,有利于确定绘制图形的大小、比例以及视图的间距,有助于检查视图是否超出图框。

设置图形界限的方法如下:
- 菜单栏:单击【格式】|【图形界限】。
- 命令行:LIMITS↙。

执行 LIMITS 命令后,命令行提示如下:
指定左下角点或[开(ON)/关(OFF)]<0,0>:↙   //输入图形界限左下角的坐标值。
指定右上角点<297,210>:420,297↙   //根据绘图需要的图幅输入右上角的坐标值。

单击【全部缩放】按钮，使整个绘图区域显示在屏幕上。单击状态栏中的【栅格】按钮，可见栅格布满图形界限。

提示：输入坐标值时须关闭汉字输入法。

二、设置绘图单位

绘图单位主要包括绘图时使用的长度单位、角度单位的格式及精度。

设置绘图单位的方法如下：

- 菜单栏：单击【格式】|【单位】。
- 命令行：UNITS✓。

执行 UNITS 命令后，系统弹出【图形单位】对话框，如图 2-1 所示。用户可以选择当前图形文件的长度和角度类型以及各自的精度。

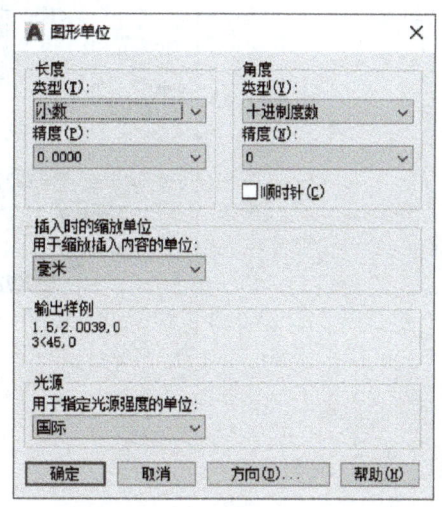

图 2-1 【图形单位】对话框

三、设置绘图窗口的颜色

绘图窗口的颜色默认为黑色，用户可以根据需要设置其他颜色。设置绘图窗口颜色的 3 种方法如下：

- 单击【工具】|【选项】，系统弹出【选项】对话框，如图 2-2 所示。

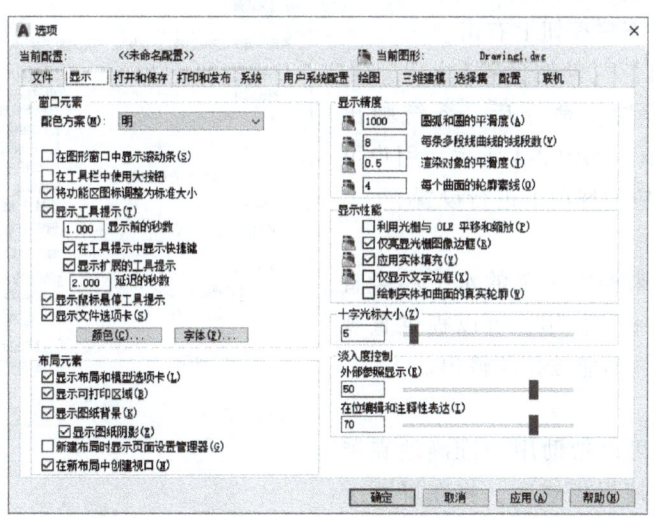

图 2-2 【选项】对话框

- 单击【显示】选项卡，然后单击【颜色】按钮，系统弹出【图形窗口颜色】对话框，如图 2-3 所示。
- 在【颜色】下拉列表中选择【白】选项，其余列表框中接受默认的选项，单击【图形窗口颜色】对话框中的【应用并关闭】按钮，单击【选项】对话框中的【确定】按钮，即可将绘图窗口颜色设置为白色。

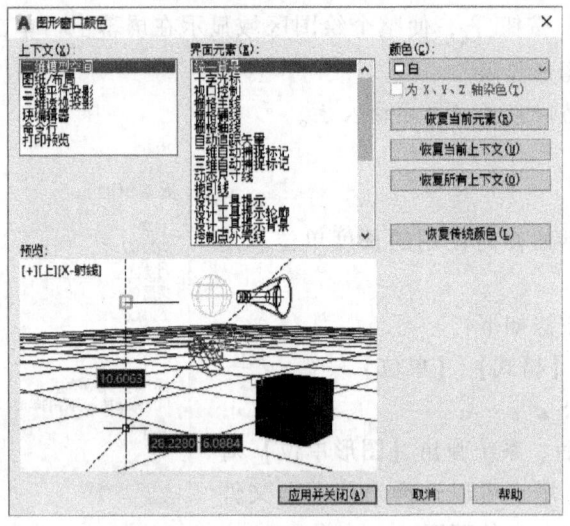

图 2-3 【图形窗口颜色】对话框

四、草图设置

在使用 AutoCAD 2018 绘制图形的过程中，经常需要进行精确的绘图操作，利用 AutoCAD 2018 提供的栅格、正交、极轴追踪、对象捕捉、对象追踪、动态输入等辅助绘图功能，可以使绘图更快捷、更灵活、更精确。

设置辅助绘图功能的方法如下：
- 鼠标停在状态栏按钮上右击。
- 单击【工具】|【绘图设置】。

执行【绘图设置】命令后，系统弹出【草图设置】对话框，如图 2-4 所示。用户可以根据需要选择相应的选项卡进行设置。

1. 栅格

栅格是一些用来标定位置的水平和竖直的交叉线，起坐标纸的作用，可以提供直观的距离和位置参照，不能被打印输出。

2. 捕捉模式

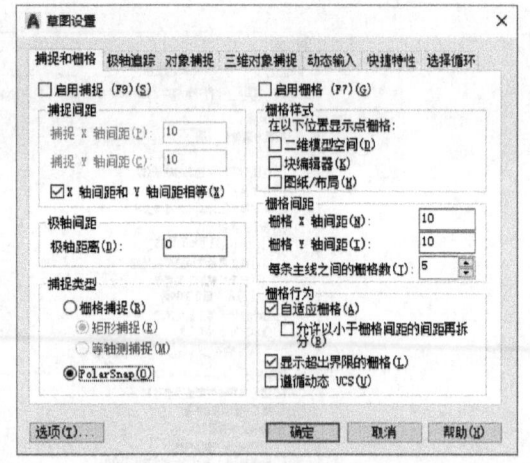

图 2-4 【草图设置】对话框

捕捉模式工具可以帮助用户准确地在屏幕上捕捉点。打开捕捉模式后，将在屏幕上生成一个隐含的捕捉栅格，这个栅格起到约束捕捉光标只能落到栅格的某一节点上的作用，使用户能够精确地捕捉和选择栅格上的节点，此时绘图过程中光标的移动是跳跃的，不适宜绘制满足给定尺寸要求的图形。

3. 推断约束

在绘制和编辑几何对象过程中启用推断约束，会在正在绘制或编辑的对象与该对象捕捉的关联对象或点之间自动应用几何约束。约束只在对象符合约束条件时才有效，推断约束后不会重新定位对象。

注意：打开推断约束后，用户在创建几何图形时指定的对象捕捉将用于推断几何约束，但不支持下列对象捕捉：交点、外观交点、延长线和象限点；也无法推断下列约束：固定、平滑、对称、同心、等于和共线。

4. 动态输入

动态输入功能可在光标附近为用户提供一个命令界面，信息会随着光标移动而动态更新，有利于帮助用户专注于绘图区域。

5. 正交模式

打开正交功能后，绘制或修改图形时将光标限制在水平（与X轴平行）和垂直（与Y轴平行）方向上移动，便于快速、精确地绘制或修改图形。采用直接输入距离的方法可绘制指定长度的正交线或将对象移动指定的距离。

注意：在使用等轴测绘图时，正交模式将不再是将方向限制在水平和竖直方向，而是限制在十字光标线方向。

提示：绘图过程中，可以按住<Shift>键临时打开或关闭【正交】按钮。

6. 极轴追踪

打开极轴追踪时，可以方便地捕捉到所设角度线上的任意点。系统默认的极轴追踪角为90°，用户可以根据需要自行设置极轴追踪角。打开【草图设置】对话框，选择【极轴追踪】选项卡，选中【启用极轴追踪】复选框，其中【增量角】下拉列表供用户预设增量角。用户一旦选定增量角，系统将沿与增量角成整数倍的方向指定点的位置。【附加角】复选框供用户指定【增量角】下拉列表中不包括的极轴追踪角度。

注意：正交模式和极轴追踪模式不能同时开启，若打开一个，另一个会自动关闭。

7. 等轴测草图

绘图过程中，通过沿三个等轴测轴对齐对象，模拟三维对象的等轴测视图。

8. 二维对象捕捉

打开二维对象捕捉时，用户可以在已有的图形对象上迅速、准确地得到某些特殊点，从而达到精确绘图的目的。用户可以根据需要设置对象捕捉的特征点。打开【草图设置】对话框，选择【对象捕捉】选项卡，选中【启用对象捕捉】复选框，然后在【对象捕捉模式】选项组中选中相应复选项。

注意：当屏幕上已显示某一图形对象上的某一捕捉点时，反复按<Tab>键可在该图形对象上的多个捕捉点间反复切换。

9. 对象捕捉追踪

打开对象捕捉追踪时，用户可以捕捉已有图形上某点延长线上的任意点。对象捕捉追踪必须和对象捕捉配合使用。

10. 线宽

用户可以通过【线宽】按钮来控制设置了宽度的线是否显示线宽。

11. 透明度

用户可以通过【显示/隐藏透明度】按钮来控制设置了透明度值的图形是否显示透明度。

12. 选择循环

选择循环功能允许用户选择重叠的对象。

13. 三维对象捕捉

三维对象捕捉类似于二维对象捕捉,两者的区别是在三维中可以选择投影对象来捕捉。

14. 动态 UCS

在创建对象时,可通过【动态 UCS】按钮启用动态 UCS 功能,该功能可使 UCS 的 XY 平面自动与实体模型上的平面临时对齐,而命令结束后,UCS 将恢复到其上一个位置和方向。

注意:只有当绘图命令处于活动状态时动态 UCS 才可用。要在光标上显示 XYZ 标签,可在【动态 UCS】按钮上单击鼠标右键并在快捷菜单中单击【显示十字光标标签】。

15. 选择过滤

绘图过程中,当光标移动到子对象上方时,通过【选择过滤】按钮可以选择符合过滤条件的对象(指定子对象亮显)。

16. 小控件

绘图过程中,通过【小控件】按钮选择显示三维小控件,可帮助用户沿三维轴或平面移动、旋转或缩放一组对象。

17. 注释可见性

绘图过程中,通过【注释可见性】按钮控制是否显示所有的注释性对象,或只显示那些符合当前注释比例的注释性对象。

18. 自动缩放

绘图过程中,通过【自动缩放】按钮控制当注释比例发生更改时,是否自动将注释比例添加到所有注释性对象。

19. 注释比例

绘图过程中,通过【注释比例】按钮设置【模型】选项卡中注释性对象的注释比例。

20. 注释监视器

无论所创建的工程视图是何种类型(基础视图、投影视图、剖面视图或局部视图),都可以使用传统的标注和多重引线工具添加关联注释。注释将基于选定的或由选定边推断的顶点与工程视图相关联。因此,如果变换(移动、旋转、缩放)或更新工程视图,注释会相应地做出反应。由于注释关联到工程视图,而工程视图关联到模型,因此可以编辑工程视图或模型,以使注释失效或取消关联。

注意:注释监视器能够识别和处理那些已解除关联的注释,通过【注释监视器】按钮启用该功能后,可提供关于关联注释状态的反馈。

21. 单位

绘图过程中,通过【单位】按钮设置当前图形中坐标和距离的显示格式。

22. 快捷特性

选中一个或一组对象后,启动快捷特性功能可以显示所选对象的特性,用户可以查看或更改其特性设置。

23. 锁定用户界面

绘图过程中,可以通过【锁定用户界面】按钮锁定工具栏和面板,也可以固定窗口的位置和大小。

项目二　AutoCAD 2018绘图环境

24. 隔离对象

绘图过程中，通过【隔离对象】按钮选择隔离或隐藏对象。

注意：隐藏对象是使选择的对象暂时不可见，隔离对象是使除选择的对象之外的其他对象暂时不可见。

25. 图形特性

图形特性功能用来显示图形硬件的信息，并可设置硬件加速的选项。

26. 系统变量监视器

单击【系统变量监视器】按钮，将打开【系统变量监视器】对话框，以便用户根据需要查看和更改系统变量值。

27. 全屏显示

单击【全屏显示】按钮，可以隐藏功能区、工具栏和选项板，最大化绘图区域。

28. 状态栏自定义

单击【状态栏自定义】按钮，将打开【状态栏自定义】列表，以便用户根据需要选择将在状态栏中显示的按钮。

项目三

绘制简单图形

不管多么复杂的图形,都是由最基本的简单图形所组成,所以,基本图形的绘制是基础,想要具备较高的画图水平,必须先熟练掌握基本图形的绘制方法。按照制图标准,一般将绘制的图形放置在图框中,而图框也是有相应要求的。本项目将介绍简单图形的绘制方法、部分绘图环境的设置方法以及图框的绘制方法。

知识目标
1) 掌握 AutoCAD 2018 简单图形的不同绘制方法。
2) 掌握 AutoCAD 2018 图层的设置方法。
3) 掌握 AutoCAD 2018 文字样式的设置方法。
4) 掌握 AutoCAD 2018 标注样式的设置方法。
5) 掌握图框的绘制方法。

技能目标
1) 能够熟练绘制各种基本图形。
2) 能够熟练设置图层、标注样式、文字样式。
3) 能够熟练应用基本线型命令绘制图框。

重点和难点
1) 基本线型命令的使用。
2) AutoCAD 2018 图层、文字样式和标注样式的设置方法。

任务一 绘制常用简单图形

一、绘制点

1. 改变点样式

单击【格式】|【点样式】,弹出【点样式】对话框,如图 3-1 所示,选择相应的点样式,单击【确定】按钮。

提示:通过【相对于屏幕设置大小】或【按绝对单位设置大小】单选按钮来设置点的显示大小。其中,前一个单选按钮用于按屏幕尺寸的百分比设置点的显示大小,后一个单选按钮用于按【点大小】下拉列表中指定的实际单位设置点的显示大小。

2. 绘制单点与多点

执行【单点】或【多点】命令的方法如下：

- 功能区/工具栏：单击【点】按钮。
- 菜单栏：单击【绘图】|【点】|【单点】或【多点】。
- 命令行：POINT ↙ 或 PO ↙。

执行【点】命令后，命令行提示如下：

指定点：

在该提示下，输入点的坐标或用光标直接拾取点。

提示：不能用<Enter>键结束绘制多点命令，只能用<Esc>键终止该命令。

3. 绘制定数等分点

执行【定数等分】命令的方法如下：

- 菜单栏：单击【绘图】|【点】|【定数等分】。
- 命令行：DIVIDE ↙ 或 DIV ↙。
- 命令行：MEASURE ↙ 或 ME ↙。

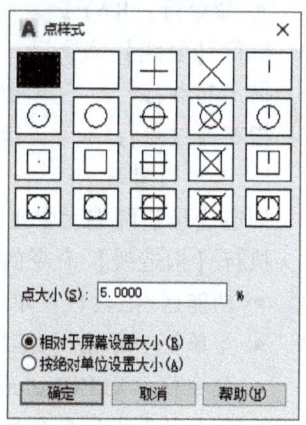

图 3-1 【点样式】对话框

二、绘制直线

1. 绘制直线段

执行【直线】命令的方法如下：

- 功能区/工具栏：单击【直线】按钮。
- 菜单栏：单击【绘图】|【直线】。
- 命令行：LINE ↙ 或 L ↙。

执行【直线】命令后，命令行提示如下：

LINE 指定第一点：

LINE 指定下一点或[放弃(U)]：

LINE 指定下一点或[放弃(U)]：

LINE 指定下一点或[闭合(C)/放弃(U)]：

……

LINE 指定下一点或[闭合(C)/放弃(U)]：↙   //按<Enter>键结束直线命令。

执行【直线】命令时，各选项的含义如下：

① 放弃（U）：撤销刚才绘制的直线而不退出直线命令。在许多命令执行过程中都有此选项，其含义类似。

② 闭合（C）：当绘制了多条线段，最后要形成一个封闭的图形时，选择该选项并按<Enter>键可使终点与第一个起点重合，形成一个封闭的图形。

2. 绘制射线

射线是沿单方向无限延伸的直线，多用于绘制辅助线。

执行【射线】命令的方法如下：

- 功能区/工具栏：单击【射线】按钮。

- 菜单栏：单击【绘图】|【射线】。
- 命令行：RAY✓。

执行【射线】命令后，命令行提示如下：

指定起点：✓　　　　//指定射线的起点位置。
指定通过点：✓　　　//指定射线通过的任意一点。

3. 绘制构造线

构造线是沿两端无限延伸的直线，多用于绘制辅助线。

执行【构造线】命令的方法如下：

- 功能区/工具栏：单击【构造线】按钮✓。
- 菜单栏：单击【绘图】|【构造线】。
- 命令行：XLINE✓或XL✓。

执行【构造线】命令后，命令行提示如下：

指定点或[水平(H)/垂直(V)/角度(A)/二等分(B)/偏移(O)]：✓

以上各选项的含义如下：

① 指定点：通过指定的两点绘制构造线。
② 水平（H）：通过指定的一点绘制水平构造线。
③ 垂直（V）：通过指定的一点绘制垂直构造线。
④ 角度（A）：绘制与X轴正方向或已有直线之间的夹角为指定角度的构造线。
⑤ 二等分（B）：绘制的构造线通过指定角的顶点。
⑥ 偏移（O）：绘制平行于已有直线的构造线。

三、绘制圆

执行【圆】命令的方法如下：

- 功能区/工具栏：单击【圆】按钮，如图3-2所示。
- 菜单栏：单击【绘图】|【圆】。
- 命令行：CIRCLE✓或C✓。

执行【圆】命令后，命令行提示如下：

指定圆的圆心或[三点(3P)/两点(2P)/相切、相切、半径(T)]：
绘制圆的方法如下。

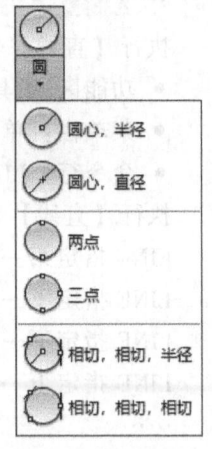

图3-2　绘制圆的方法

1. 根据圆心和半径绘制圆

根据圆心和半径绘制圆如图3-3所示。命令行提示如下：

指定圆的圆心或[三点(3P)/两点(2P)/相切、相切、半径(T)]：　　//在绘图窗口的适当位
　　　　　　　　　　　　　　　　　　　　　　　　　　　　　　置拾取点作为圆心。
指定圆的半径或[直径(D)]：**✓　　　　　　　　　　　　　　//输入半径值并确认。

2. 根据圆心和直径绘制圆

根据圆心和直径绘制圆如图3-4所示。命令行提示如下：

指定圆的圆心或[三点(3P)/两点(2P)/相切、相切、半径(T)]：　　//在绘图窗口的适当位
　　　　　　　　　　　　　　　　　　　　　　　　　　　　　　置拾取点作为圆心。
指定圆的半径或[直径(D)]：D✓　　　　　　　　　　　　　　　//输入命令D并确认。

指定圆的直径：＊＊↙　　　　　　　　　　　　　　　//输入直径值并确认。

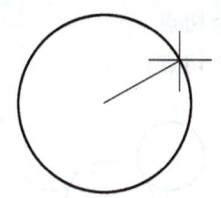
图 3-3　指定圆心和半径

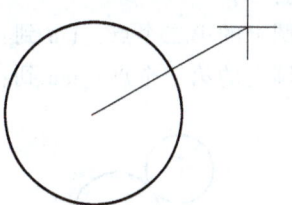
图 3-4　指定圆心和直径

3. 三点（3P）：根据三点绘制圆

根据三点绘制圆如图 3-5 所示。命令行提示如下：

指定圆的圆心或［三点(3P)/两点(2P)/相切、相切、半径(T)］：3P↙　　//输入命令 3P，确认。

指定圆上的第一点：　　//在绘图窗口的适当位置拾取第一点。
指定圆上的第二点：　　//在绘图窗口的适当位置拾取第二点。
指定圆上的第三点：　　//在绘图窗口的适当位置拾取第三点。

4. 两点（2P）：根据两点绘制圆

根据两点绘制圆如图 3-6 所示。命令行提示如下：

指定圆的圆心或［三点(3P)/两点(2P)/相切、相切、半径(T)］：2P↙//输入命令 2P 并确认。

指定圆直径的第一个端点：　　//在绘图窗口的适当位置拾取第一点。
指定圆直径的第二个端点：　　//在绘图窗口的适当位置拾取第二点。

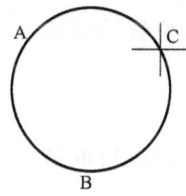
图 3-5　指定三点

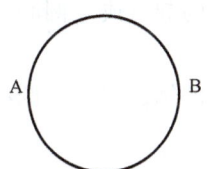
图 3-6　指定两点

5. 相切、相切、半径（T）

该方法用于绘制与两个已知对象相切且半径为给定值的圆，如图 3-7 所示。命令行提示如下：

指定圆的圆心或［三点(3P)/两点(2P)/相切、相切、半径(T)］：T↙
　　　　　　　　　　　　　　　　//输入命令 T 并确认。
指定对象与圆的第一个切点：　　//在绘图窗口拾取第一个切点。
指定对象与圆的第二个切点：　　//在绘图窗口拾取第二个切点。
指定圆的半径：＊＊↙　　　　　 //输入半径值并确认。

6. 相切、相切、相切

该方法用于绘制与三个已知对象相切的圆，如图 3-8 所示。
单击【绘图】|【圆】|【相切、相切、相切】，命令行提示如下：

指定圆的圆心或[三点(3P)/两点(2P)/相切、相切、半径(T)]：_3p 指定圆上的第一个点：_tan 到：　　　　　//在绘图窗口拾取第一个切点。

指定圆上的第二个点：_tan 到：　　//在绘图窗口拾取第二个切点。
指定圆上的第三个点：_tan 到：　　//在绘图窗口拾取第三个切点。

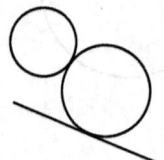

图 3-7　指定两个相切对象和半径

图 3-8　指定三个相切对象

四、绘制圆弧

执行【圆弧】命令的方法如下：
- 功能区/工具栏：单击【圆弧】按钮。
- 菜单栏：单击【绘图】|【圆弧】。
- 命令行：ARC↙。

单击【圆弧】按钮后，系统将弹出绘制圆弧的下一级子菜单，如图 3-9 所示。

下面重点介绍几种绘制圆弧的常用方法。

1. 三点方式

单击【绘图】|【圆弧】|【三点】，命令行提示如下：

指定圆弧的起点或［圆心（C）］：　　//在绘图窗口的适当位置拾取第一点。

指定圆弧的第二点或［圆心（C）/端点（E）］：
　　　　　　　　　　　　　　　　//在绘图窗口的适当位置拾取第二点。

指定圆弧的端点：　//在绘图窗口的适当位置拾取点作为终点。

2. 起点、圆心、端点方式

单击【绘图】|【圆弧】|【起点、圆心、端点】，命令行提示如下：

指定圆弧的起点或［圆心（C）］：　　//在绘图窗口的适当位置拾取第一点。

指定圆弧的第二点或［圆心（C）/端点（E）］：指定圆弧的圆心：　//在绘图窗口的适当位置拾取点作为圆心。

指定圆弧的端点或［角度（A）/弦长（L）］：　//在绘图窗口的适当位置拾取点作为终点。

3. 起点、圆心、角度方式

单击【绘图】|【圆弧】|【起点、圆心、角度】，命令行提示如下：

指定圆弧的起点或［圆心（C）］：　　//在绘图窗口的适当位置拾取第一点。

指定圆弧的第二点或［圆心（C）/端点（E）］：指定圆弧的圆心：　//在绘图窗口的适当位置拾取点作为圆心。

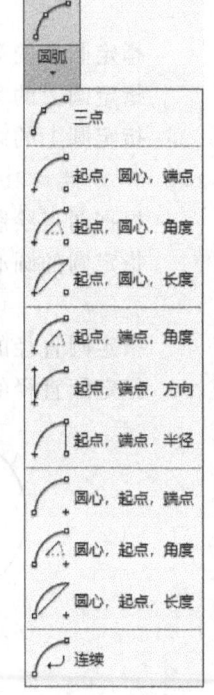

图 3-9　绘制圆弧的方法

指定圆弧的端点或[角度(A)/弦长(L)]:指定包含角：**✓   //在该提示下输入角度
                                                           值并确认。

4. 起点、端点、半径方式

单击【绘图】|【圆弧】|【起点、端点、半径】，命令行提示如下：
指定圆弧的起点或[圆心(C)]：   //在绘图窗口的适当位置拾取第一点。
指定圆弧的第二点或[圆心(C)/端点(E)]:指定圆弧的端点：   //在绘图窗口的适当位
                                                           置拾取第二点。
指定圆弧的圆心或[角度(A)/方向(D)/半径(R)]:指定圆弧的半径：**✓
                                                       //在该提示下输入半径值并确认。

五、绘制椭圆

执行【椭圆】命令的方法如下：
- 功能区/工具栏：单击【椭圆】按钮，如图3-10所示。
- 菜单栏：单击【绘图】|【椭圆】。
- 命令行：ELLIPSE✓或EL✓。

执行【椭圆】命令后，命令行提示如下：
指定椭圆的轴端点或[圆弧(A)/中心点(C)]：
下面分别介绍利用轴端点和中心点绘制椭圆的方法。

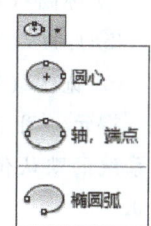

图3-10 绘制
椭圆的方式

1. 用轴端点绘制椭圆

指定椭圆的轴端点或[圆弧(A)/中心点(C)]：   //在绘图窗口的适当位置拾取轴的
                                                           端点。
指定轴的另一个端点：**✓   //在该提示下输入轴的长度并确认。
指定另一条半轴长度或[旋转(R)]：**✓   //在该提示下输入另一条半轴的长度值并
                                                           确认。

2. 用中心点绘制椭圆

指定椭圆的轴端点或[圆弧(A)/中心点(C)]:C✓   //输入命令C并确认。
指定椭圆的中心点：   //在绘图窗口的适当位置拾取中心点。
指定轴的端点：**✓   //在该提示下输入半轴的长度值并确认。
指定另一条半轴长度或[旋转(R)]：**✓   //在该提示下输入另一条半轴的长度值并
                                                           确认。

六、绘制样条曲线

执行【样条曲线】命令的方法如下：
- 功能区/工具栏：单击【样条曲线】按钮 ∿ ∿。
- 菜单栏：单击【绘图】|【样条曲线】。
- 命令行：SPLINE✓或SPL✓。

七、绘制矩形

执行【矩形】命令的方法如下：

- 功能区/工具栏：单击【矩形】按钮▭。
- 菜单栏：单击【绘图】|【矩形】。
- 命令行：RECTANG↙或REC↙。

执行【矩形】命令后，命令行提示如下：
RECTANG 指定第一个角点或[倒角(C)/标高(E)/圆角(F)/厚度(T)/宽度(W)]：
上述提示中各选项的含义如下：

① 指定第一个角点：用户指定矩形的一个角点并拖动鼠标，绘图窗口显示出一个矩形；输入矩形的长度值和宽度值，按<Enter>键。

② 倒角（C）：用于绘制四个角有相同斜度的矩形。

③ 圆角（F）：用于绘制四个角有相同半径圆角的矩形。

④ 标高（E）：用于在三维绘图中设置矩形离 XOY 平面的高度（相当于 Z 坐标）。

⑤ 厚度（T）：用于在三维绘图中设置矩形的厚度。

⑥ 宽度（W）：用于绘制一个重新指定线宽的矩形。

提示：用【矩形】命令绘制的矩形是一个整体，在执行该命令时设置的选项内容将作为系统的默认值，如倒角、圆角等，下次绘制矩形时仍沿用上次的设置，直至用户重新设置为止。

八、绘制正多边形

执行【正多边形】命令的方法如下：

- 功能区/工具栏：单击【正多边形】按钮⬠。
- 菜单栏：单击【绘图】|【正多边形】。
- 命令行：POLYGON↙或POL↙。

九、创建面域和面域的运算

在 AutoCAD 2018 中，可以将由某些对象围成的封闭区域转换为面域，这些封闭区域可以是由圆弧、直线、二维多段线、样条曲线等对象围成的，但应保证相邻对象间共享连接的端点，否则将不能创建面域。

1. 创建面域

执行【面域】命令的方法如下：

- 功能区/工具栏：单击【面域】按钮◉。
- 菜单栏：单击【绘图】|【面域】。
- 命令行：REGION↙或REG↙。

执行【面域】命令后，命令行提示如下：
选择对象：   //选择全部图形。
选择对象:指定对角点:找到 11 个
选择对象：↙   //按空格键并确认。

2. 从面域中提取数据

从表面上看，面域和一般的封闭图形没有区别，就像是一张没有厚度的纸。实际上，面域是二维实体模型，它不但包含边界的信息，还有边界内的信息，即面域具有面积、周长、

项目三　绘制简单图形

形心等几何特征，可以利用这些信息查询工程属性，如面积、质心、惯性等。

执行【面域/质量特性】命令的方法如下：
- 菜单栏：单击【工具】|【查询】|【面域/质量特性】。
- 命令行：MASSPROP↙。

执行【面域/质量特性】命令后，命令行提示如下：

选择对象：　　　　　　　　　　　//选择面域。

选择对象:找到 1 个

选择对象:↙　　　　　　　　　　//按空格键并确认。

系统弹出 AutoCAD 2018 文本窗口，如图 3-11 所示。

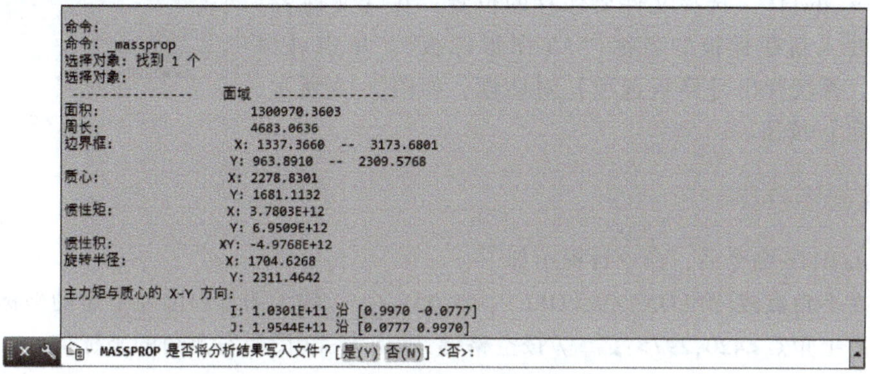

图 3-11　AutoCAD 2018 文本窗口

3. 面域间的布尔运算

布尔运算是一种数学逻辑运算，在绘制复杂图形时对提高绘图效率具有很大作用。布尔运算的对象只是实体或共面的面域，而普通的线条图形对象不能进行布尔运算。通常的布尔运算包括并集、交集和差集三种。

执行【布尔运算】命令的方法如下：
- 菜单栏：单击【修改】|【实体编辑】|【并集】/【交集】/【差集】。
- 命令行：UNION（并集）/INTERSECT（交集）/SUBTRACT（差集）↙。

① 并集：合并两个或多个实体（或面域），并构成一个实体对象。
② 交集：用两个或多个重叠实体（或面域）的公共部分创建实体对象。
③ 差集：删除两个实体（或面域）重合出的公共实体对象部分。

任务二　绘制图形样板

在机械图样中，一张完整的组合体三视图是由图纸幅面、图框、标题栏、比例、字体、一组图形、相关的尺寸、文字说明等内容组成的。图形是由粗实线、细实线、点画线、虚线、剖面线、标注线、波浪线等线型绘制而成的。如果用样板管理这些元素，将具有相同属性的元素放置于同一个样板中，将会给用户绘制图形、编辑图形带来很大方便。

用户在日常工作中经常采用 A0、A1、A2、A3、A4 图纸样板绘制图形，AutoCAD 2018 系统中有默认的样板，但有时用户会觉得并不适用。为了方便绘图，用户可以自行创建适合

31

自己的样板，下面以 A3 绘图样板为例介绍样板的创建方法。

一、新建样板文件

执行【新建】命令后，弹出【选择样板】对话框，选择样板文件"acadiso.dwt"后双击或者单击【打开】按钮。

二、保存样板文件

执行【保存】命令后，弹出【图形另存为】对话框，在【文件类型】下拉列表中选择保存文件的类型"AutoCAD 图形样板（*.dwt）"，选择文件要保存的位置，在【文件名】文本框中输入新建样板的名称"A3 图形样板"。单击【保存】按钮，系统弹出【样板选项】对话框，如图 3-12 所示，单击【确定】按钮。

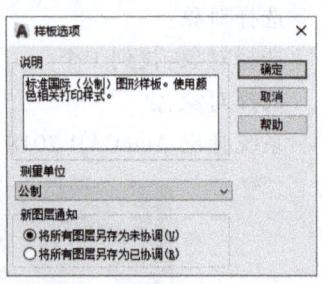

图 3-12　【样板选项】对话框

三、设置图形界限

执行 LIMITS 命令后，命令行提示如下：
指定左下角点或[开(ON)/关(OFF)]<0,0>:✓　//输入图形界限左下角的坐标值。
指定右上角点<420,297>:✓　//按空格键，默认为 A3 图幅右上角的坐标值。
单击【全部缩放】按钮，使整个绘图区域显示在屏幕上。

四、创建图层，设置线型、线宽

用户可以将图层想象成一层一层的透明薄片，各层之间完全对齐，可以将不同图层上的对象叠加到一起形成完整的图形。

建立图层有以下三种方法：
- 功能区/工具栏：单击【图层】按钮。
- 菜单栏：单击【格式】|【图层】。
- 命令行：LAYER✓ 或 LA✓。

执行【图层】命令后，系统弹出【图层特性管理器】对话框，如图 3-13 所示。

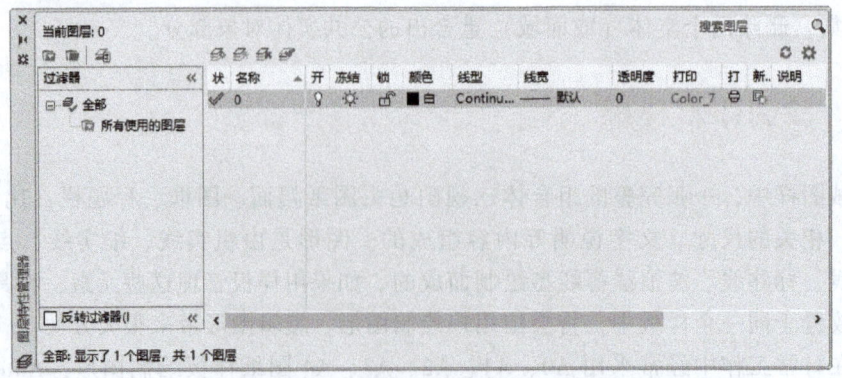

图 3-13　【图层特性管理器】对话框

1. 创建粗实线图层

1）在【图层特性管理器】对话框中单击鼠标右键，在弹出的快捷菜单中选择【新建图层】命令，或者单击【新建图层】按钮，结果如图3-14所示。

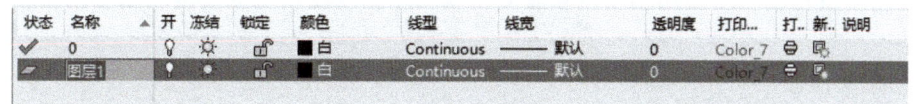

图3-14 新建图层

2）将图层列表中的名称"图层1"改名为"粗实线"，将线宽"默认"改为"0.40毫米"，其余选项接受默认值，如图3-15所示。

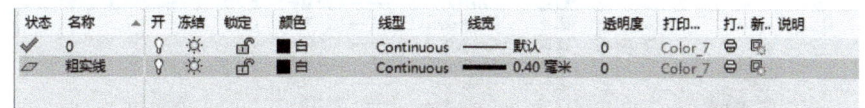

图3-15 创建"粗实线"图层

2. 创建中心线图层

1）继续在【图层特性管理器】对话框中执行【新建图层】命令，将图层列表中的名称"图层1"改名为"中心线"，将线宽"0.40毫米"改为"默认"或者"0.20毫米"。单击该图层上的【颜色】按钮，系统弹出【选择颜色】对话框，如图3-16所示，选择红色，单击【确定】按钮。

2）单击该图层上的【线型】按钮 Continuous ，系统弹出【选择线型】对话框，如图3-17所示。

3）单击【加载】按钮，系统弹出【加载或重载线型】对话框，如图3-18所示。

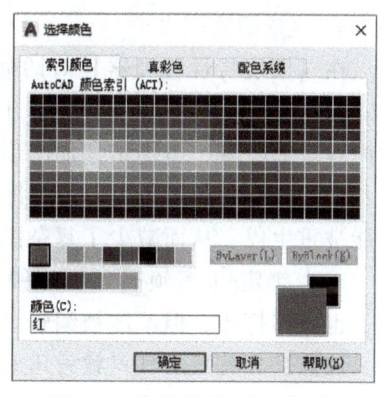

图3-16 【选择颜色】对话框

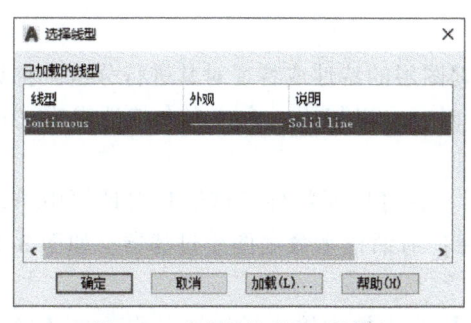

图3-17 【选择线型】对话框　　　　图3-18 【加载或重载线型】对话框

4）拖动右侧的滑动条，选择线型为"CENTER"，单击【确定】按钮，在【选择线型】对话框中再进行选择，结果如图3-19所示。

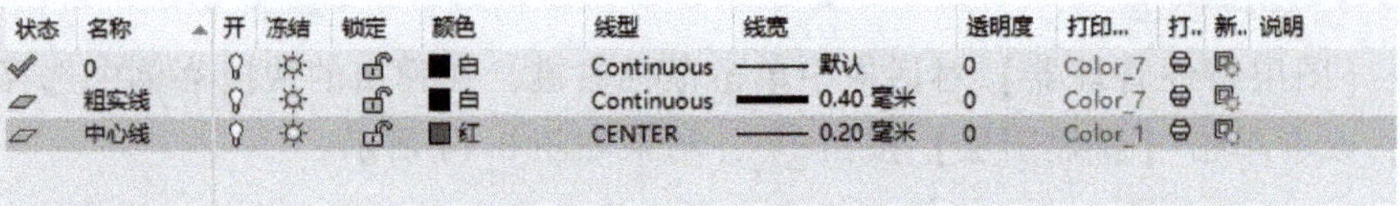

[图片:图层列表]

图 3-19　创建中心线图层

3. 创建其他图层

按同样的方法创建其他图层，结果如图 3-20 所示。最后单击【图层特性管理器】对话框左上角的【关闭】按钮。

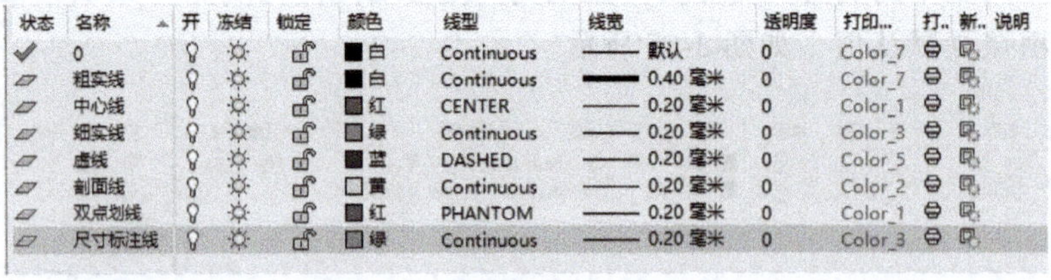

[图片:图层列表]

图 3-20　创建其他图层

4. 设置图层状态

在【图层特性管理器】对话框中，通过单击特征图标来控制图层的状态。

（1）打开♀/关闭♀　图层打开时，可以显示和编辑图层上的内容；图层关闭时，图层上的内容全部隐藏，但仍然参加图形的运算，且不可被编辑和打印输出。

（2）冻结❄/解冻☀　图层冻结时，图层上的内容全部隐藏，且不可被编辑和打印，也不能被重生成，从而减少了复杂图形的重生成时间。

（3）锁定🔒/解锁🔓　图层锁定时，图层上的内容仍然可见，并且能够捕捉或添加新对象，也能够打印，但不能被编辑。

注意：当前图层可以被关闭和锁定，但不能被冻结。

5. 切换与使用图层

绘图过程中，只需要在功能区的【默认】选项卡 |【图层】面板 |【图层】控制下拉列表中单击某个图层名称，即可将其设置为当前图层，从而实现了图层间的灵活切换。【图层】面板如图 3-21 所示。

6. 过滤图层

同一图形中可能含有大量的图层，用户可以根据图层的特性或特征对其进行分组，将具有某种共同特点的图层过滤出来。显示图层的特性时，可以使用一个或多个特性来定义过滤器。

（1）使用【图层过滤器特性】对话框过滤图层　在【图层特性管理器】对话框中单击【新建特性过滤器】按钮 ，使用【图层过滤器特性】对话框来命名图层过滤器，如图 3-22 所示。

在【图层过滤器特性】对话框的【过滤器名称】文本框中输入过滤器名称，在【过滤器定义】列表中设置过滤条件，如图层名称、状态、颜色等。指定过滤器的图层名称时，可以使用标准的"？"和"＊"等多种通配符，其中"＊"用来代替任意多个字符，"？"用来代替任意一个字符。

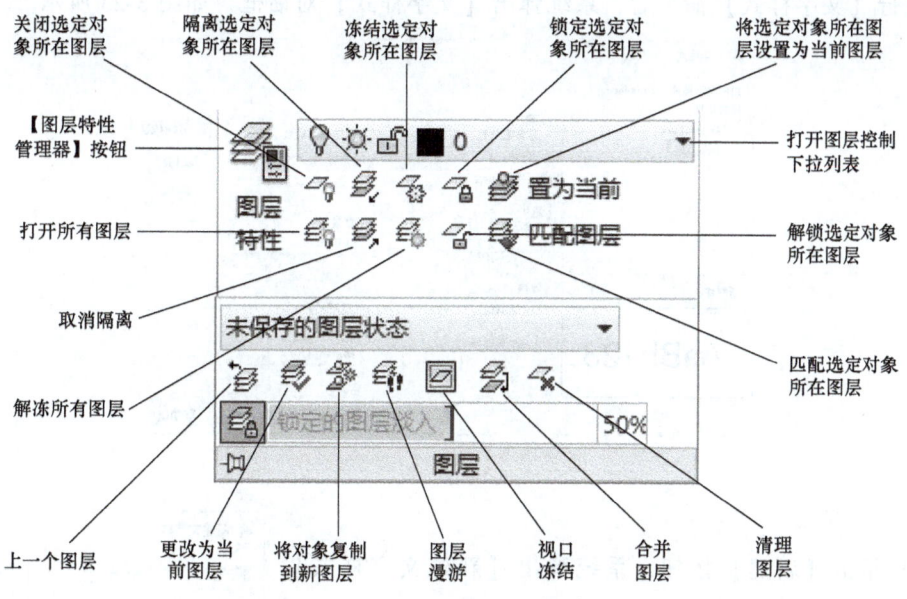

图 3-21 【图层】面板

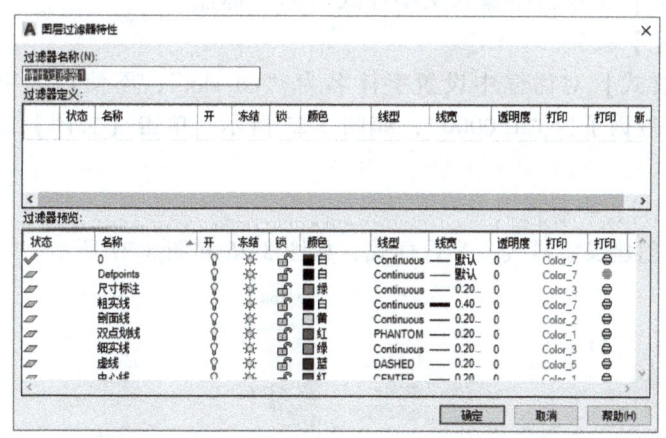

图 3-22 【图层过滤器特性】对话框

（2）使用【新建组过滤器】过滤图层　单击【图层特性管理器】对话框中的【新建组过滤器】按钮，即在【图层特性管理器】对话框左侧的【过滤器】树列表中添加一个"组过滤器 1"（用户可自行命名）。在【过滤器】树列表中单击【所有使用的图层】或其他已创建的过滤器，显示对应的图层信息，然后将需要分组过滤的图层拖到创建的"组过滤器 1"下方即可。

五、创建文字样式

执行【文字样式】命令的方法如下：

- 功能区/工具栏：单击【文字样式】按钮。
- 菜单栏：单击【格式】|【文字样式】。
- 命令行：STYLE↙ 或 ST↙。

执行【文字样式】命令后，系统弹出【文字样式】对话框，如图 3-23 所示。

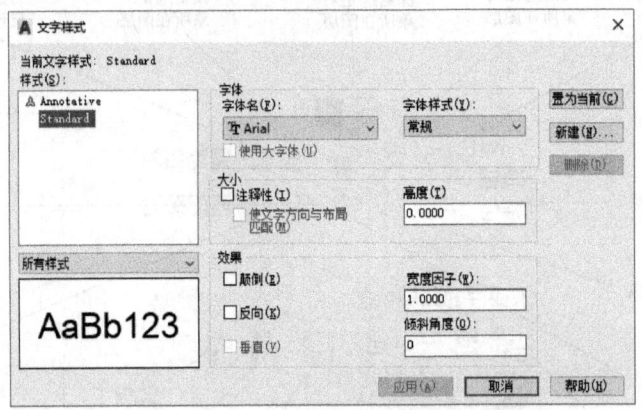

图 3-23 【文字样式】对话框

1. 创建标注文字样式

1）单击【新建】按钮，系统弹出【新建文字样式】对话框，如图 3-24 所示。

2）在【样式名】文本框中输入文字样式名称"标注文字"，单击【确定】按钮。

图 3-24 【新建文字样式】对话框

3）在【文字样式】对话框中设置字体名为"txt.shx"，不使用大字体，文字高度为"3.5000"，文字宽度因子为"1.0000"，如图 3-25 所示，单击【关闭】按钮，完成标注文字样式的创建。

2. 创建汉字样式、字母样式

用同样的方法创建汉字样式、字母样式，如图 3-26 和图 3-27 所示。

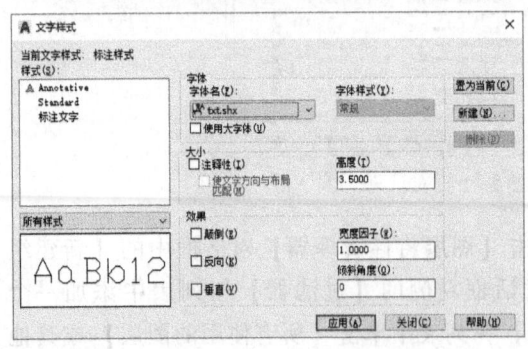

图 3-25 创建标注文字样式

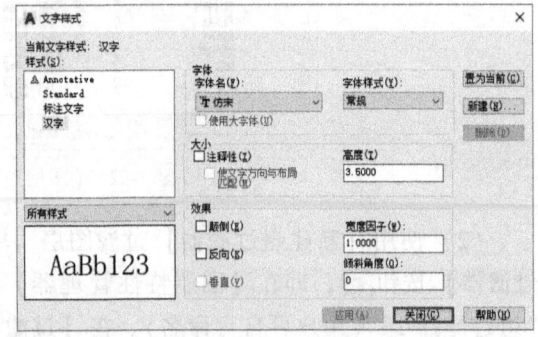

图 3-26 创建汉字样式

六、创建标注样式

执行【标注样式】命令的方法如下：
- 功能区/工具栏：单击【标注样式】按钮。
- 菜单栏：单击【标注】|【标注样式】。
- 命令行：DIMSTYLE↙。

执行【标注样式】命令后，系统弹出【标注样式管理器】对话框，如图 3-28 所示。

项目三 绘制简单图形

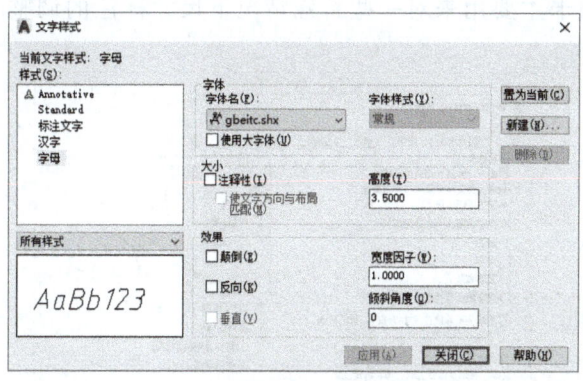

图 3-27 创建字母样式

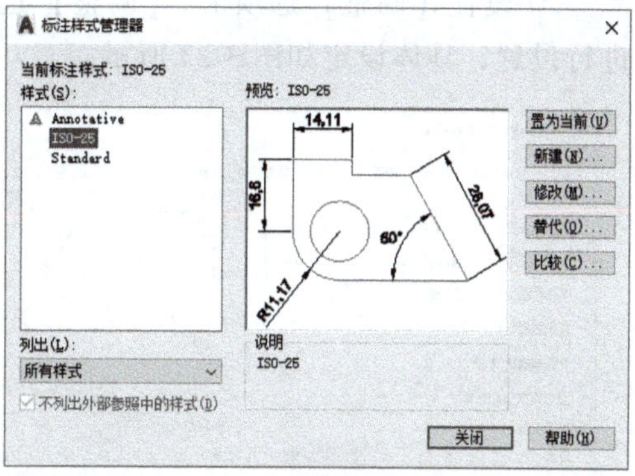

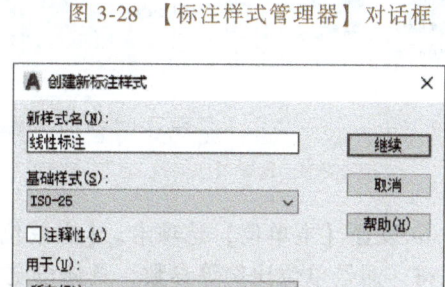

图 3-28 【标注样式管理器】对话框

1. 创建线性标注样式

1）单击【新建】按钮，系统弹出【创建新标注样式】对话框，如图 3-29 所示。

2）在【新样式名】文本框中输入标注样式名称"线性标注"，单击【继续】按钮，系统弹出【新建标注样式：线性标注】对话框，如图 3-30 所示。

① 设置【线】选项卡。在【线】选项卡中，可以对尺寸线及尺寸界线进行定义，可以定义颜色、线型等相关参数，常规情况下，尺寸线和尺寸界线的颜色、线型、线宽都采用"ByLayer（随层）"。【基线间距】是指使用基线尺寸标注时，两条尺寸线之间的距离，具体设定如图 3-30 所示。

② 设置【符号和箭头】选项卡。【符号和箭头】选项卡可以定义箭头的类型、大小等参数。根据机械制图国家标准的规定，具体设定如图 3-31 所示。

图 3-29 【创建新标注样式】对话框

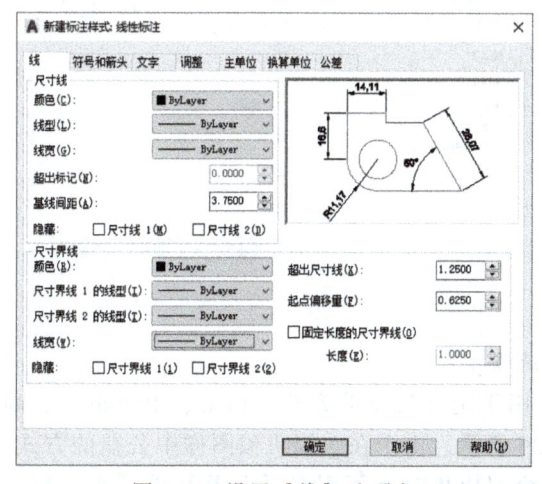

图 3-30 设置【线】选项卡

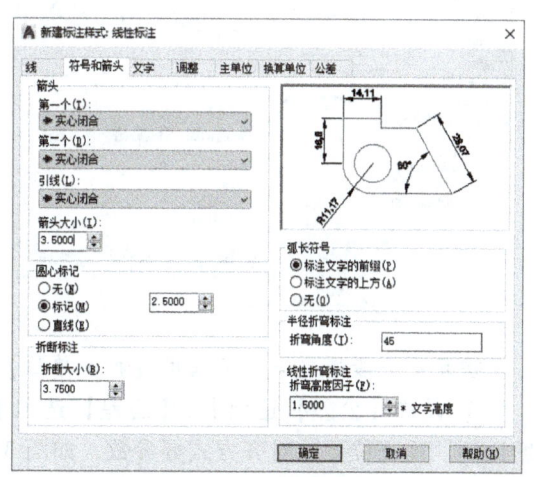

图 3-31 设置【符号和箭头】选项卡

③ 设置【文字】选项卡。【文字】选项卡可以定义文字的样式、颜色、高度、位置、对齐方式等参数，具体设定如图 3-32 所示。

37

④ 设置【调整】选项卡。【调整】选项卡主要用来对一些特殊情况下尺寸标注的调整进行设置，具体设定如图 3-33 所示。

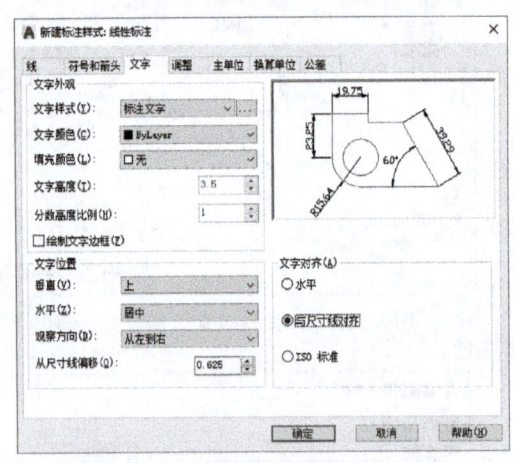

图 3-32　设置【文字】选项卡

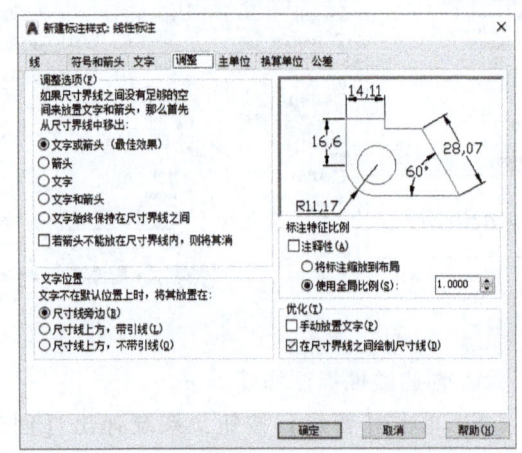

图 3-33　设置【调整】选项卡

⑤ 设置【主单位】选项卡。【主单位】选项卡可以定义标注的单位格式、精度、小数分隔符、测量单位比例等参数，具体设定如图 3-34 所示。

⑥ 设置【换算单位】选项卡。当绘图时采用的单位制和实际使用的单位制不一致时，可以通过【换算单位】选项卡来设定换算值。例如，当需要将英寸转换为毫米时，可将换算单位倍数设置为 25.4。具体设定如图 3-35 所示。

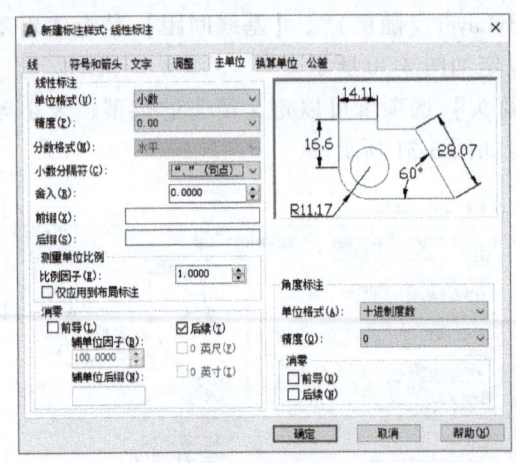

图 3-34　设置【主单位】选项卡

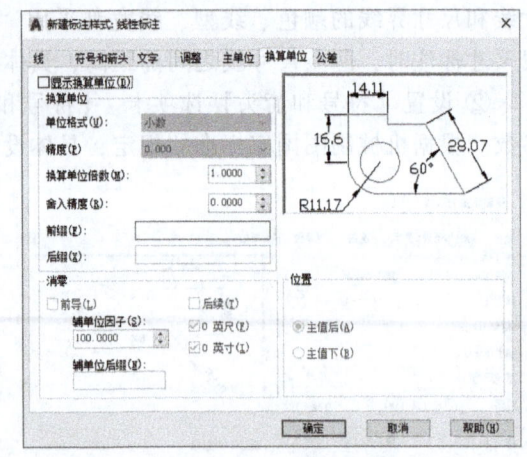

图 3-35　设置【换算单位】选项卡

提示：一般情况下，不选用【换算单位】选项卡。

⑦ 设置【公差】选项卡。【公差】选项卡用于定义公差的方式、精度、上下偏差、高度比例、垂直位置、对齐方式等参数，如图 3-36 所示。由于在一幅机械图样中公差的方式、上下偏差数值不可能全都一致，因此，在创建绘图模板时先不用对【公差】选项卡进行设置，需要时再根据具体情况在单个标注的【对象特性】中进行定义即可。

所有选项设置完成后，单击【确定】按钮，再单击【标注样式管理器】对话框中的【置为当前】按钮，最后单击【关闭】按钮。

2. 创建水平标注样式

在机械制图标准中，角度尺寸、一些直径及半径尺寸的文字始终处于水平对齐位置，因此需要建立一种水平标注样式。

1）执行【标注样式】命令，执行【新建】命令，在【新样式名】文本框中输入标注样式名称"水平标注"，基础样式为"线性标注"，如图3-37所示。

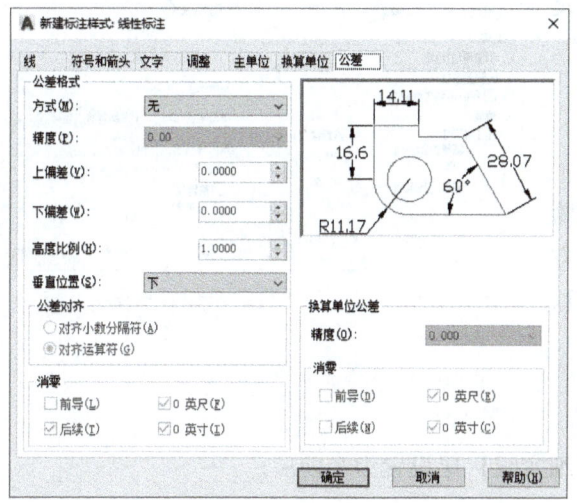

图3-36 设置【公差】选项卡

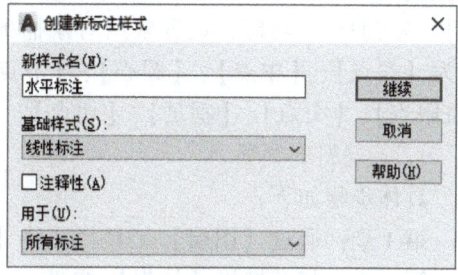

图3-37 【创建新标注样式】对话框

2）单击【继续】按钮，系统弹出【新建标注样式：水平标注】对话框，选择【文字】选项卡，将文字对齐方式设置为"水平"，如图3-38所示。

3. 创建加"⌀"线性标注样式

在机械图样中，轴类零件图的直径尺寸常在主视图中标注，需要在线性尺寸前加前缀"⌀"，因此，还需要建立一个加"⌀"线性标注样式。

1）执行【标注样式】命令，执行【新建】命令，在【新样式名】文本框中输入标注样式名称"加"⌀"线性标注"，基础样式为"线性标注"，如图3-39所示。

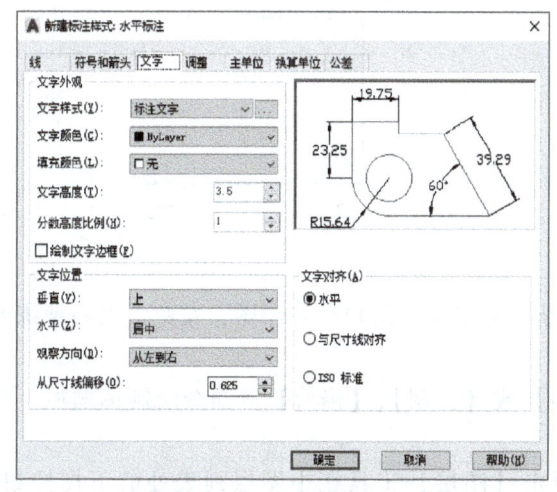

图3-38 设置【文字】选项卡

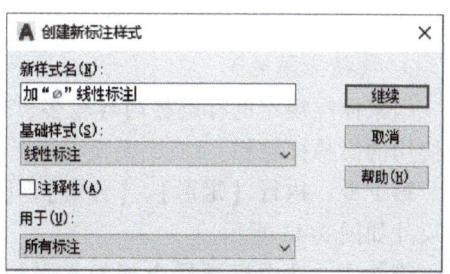

图3-39 【创建新标注样式】对话框

2）单击【继续】按钮，系统弹出【新建标注样式：加"∅"线性标注】对话框，选择【主单位】选项卡，在【前缀】后的文本框中输入"%%c"，如图3-40所示。

提示：在AutoCAD中，输入"%%c"转换为直径符号"∅"，输入"%%d"转换为度符号"°"，输入"%%p"转换为正负号"±"。

七、绘制图框和标题栏

绘制图框和标题栏前，需要开启【正交】、【对象捕捉】、【对象追踪】、【动态输入】等辅助绘图功能，设置常用对象捕捉方式为【端点】、【中点】、【圆心】、【节点】、【象限点】、【交点】、【垂足】、【切点】。

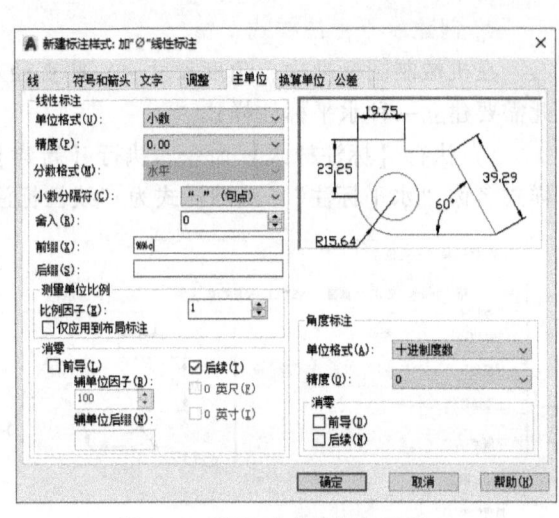

图 3-40　设置【主单位】选项卡

1. 绘制图纸幅面

具体步骤如下：

第1步：通过【图层】工具栏，将【细实线】层设置为当前层。

第2步：打开栅格【捕捉】按钮。

第3步：执行【矩形】命令，第一点捕捉坐标原点（或直接输入坐标值"0，0"），第二点输入坐标值"420，297"。

第4步：关闭栅格【捕捉】按钮，结果如图3-41所示。

2. 绘制边框线

按装订格式绘制边框线，具体步骤如下：

第1步：通过【图层】工具栏，将【粗实线】层设置为当前层。

第2步：执行【矩形】命令，输入第一点坐标值"25，5"，输入第二点坐标值"390，287"，结果如图3-42所示。

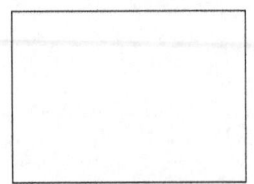
图 3-41　A3图纸幅面

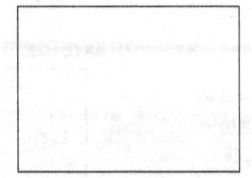
图 3-42　A3图纸边框线

3. 绘制标题栏

国家标准规定的标题栏内容较多、较复杂，为了便于用户练习绘图，在此给出一种练习时使用的简易标题栏。

第1步：执行【矩形】、【分解】、【偏移】或【复制】、【修剪】等命令绘制标题栏，具体尺寸如图3-43所示。

第2步：选中标题栏内部的水平线，单击【图层】工具栏中图层列表处的下拉按钮，选择【细实线】层，结果如图3-44所示。

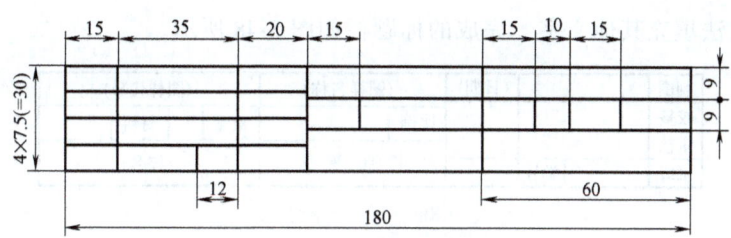

图 3-43　A3 图纸标题栏

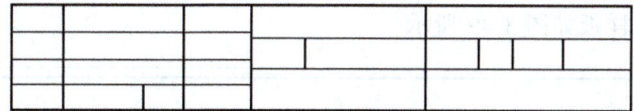

图 3-44　修改线型

第 3 步：填充文字。单击【文字样式】下拉列表中的下拉按钮，选择"汉字"文字样式，将"汉字"设为当前文字样式。

填充文字的方法有以下三种：

- 功能区/工具栏：单击【多行文字】按钮 **A**。
- 菜单栏：单击【绘图】|【文字】|【多行文字】。
- 命令行：MTEXT↙或 T↙。

执行【多行文字】命令后，命令行提示如下：

指定第一角点：　　　　　　　　　　　　　　//捕捉点 *A*。

指定对角点或［高度（H）/对正（J）/行距（L）/旋转（R）/样式（S）/宽度（W）/栏（C）］：

　　　　　　　　　　　　　　　　　　//捕捉点 *B*，如图 3-45 所示。

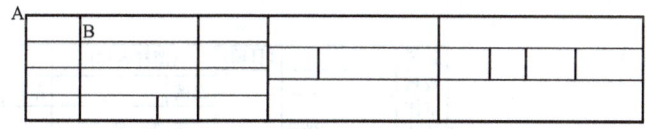

图 3-45　指定文本框对角点

执行上述操作后，系统在功能区弹出【文字编辑器】任务栏，如图 3-46 所示。

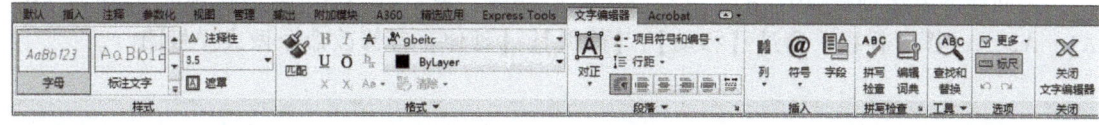

图 3-46　【文字编辑器】任务栏

单击【多行文字对正】按钮下的三角形，选择【正中】选项，对齐方式选择【居中】，字体高度设置为"3.5"，然后在文字输入框中输入文本"制图"，单击【文字格式】对话框中的【确定】按钮，结果如图 3-47 所示。

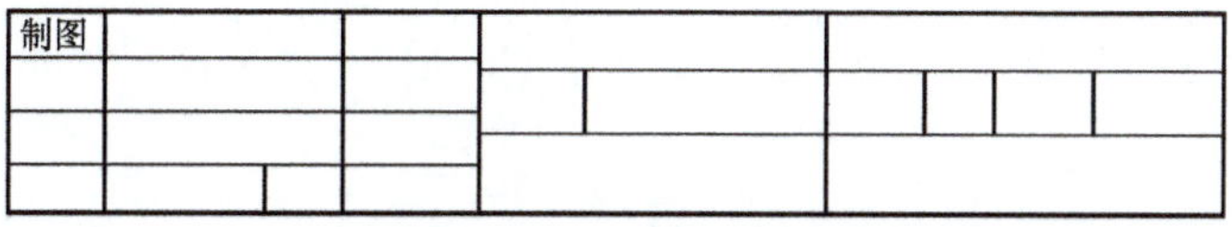

图 3-47　输入文本

用同样的方法填充其他文字，完成的标题栏如图3-48所示。

制图		(日期)	(图样名称)		(图样代号)	
校核			比例		数量	材料
审核						
班级		学号	共 张 第 张		(校名)	

图3-48 完成的标题栏

4. 保存样板

完成的A3图形样板如图3-49所示。

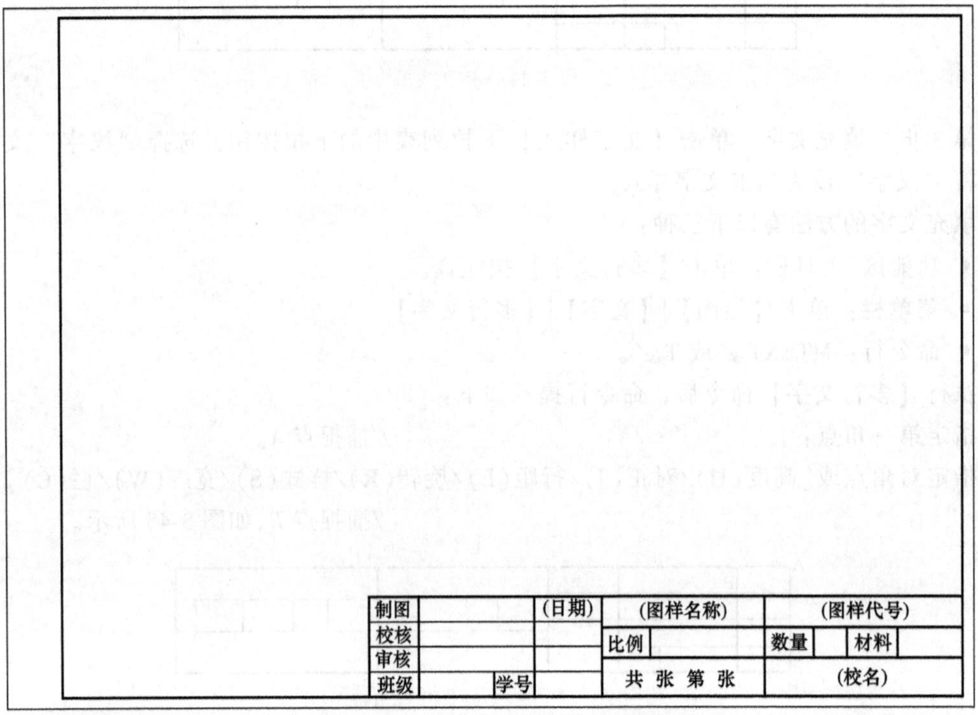

图3-49 A3图形样板

用同样的方法创建A0、A1、A2、A4图形样板，或者将【A3图形样板】另存为A0、A1、A2、A4图形样板，通过【移动】、【修剪】、【延伸】等修改命令做成样板图。

项目四

图形编辑

绘制图形时，只使用基本绘图命令是很难绘制复杂图形的，利用 AutoCAD 2018 提供的图形编辑工具，不但可以绘制复杂图形，而且可以有效提高绘图效率。对于常用的图形和符号，可以将其转化为图块，使用时可直接调用。本项目将详细介绍各种图形编辑工具的作用和用法以及图块的创建及调用。

> **知识目标**
> 1）掌握 AutoCAD 2018 图形编辑工具的作用和用法。
> 2）掌握 AutoCAD 2018 图块的创建和调用方法。
>
> **技能目标**
> 1）能够熟练使用 AutoCAD 2018 的图形编辑工具。
> 2）能够熟练创建并调用图块。
> 3）能够熟练应用图形编辑命令修改图形。
>
> **重点和难点**
> 1）阵列工具的正确使用。
> 2）缩放工具的正确使用。
> 3）图块的创建。

任务一　图形的编辑与修改

一、删除与恢复对象

执行【删除】命令的方法如下：
- 快捷菜单：选中对象，单击鼠标右键，选择【删除】命令。
- 功能区/工具栏：选中对象，单击【删除】按钮 ✐。
- 菜单栏：选中对象，单击【修改】|【删除】。
- 命令行：选中对象，输入 ERASE ✓ 或 E ✓。
- 键盘：选中对象，按<Delete>键。

使用【OOPS】命令，可以恢复最后一次使用【删除】命令删除的对象。

二、复制对象

执行【复制】命令的方法如下：

- 快捷菜单：选中对象，单击鼠标右键，选择【复制选择】命令。
- 功能区/工具栏：选中对象，单击【复制】按钮。
- 菜单栏：选中对象，单击【修改】|【复制】。
- 命令行：选中对象，输入 COPY✓或 CO✓。

例 4-1 通过【复制】命令复制图形，如图 4-1 所示。

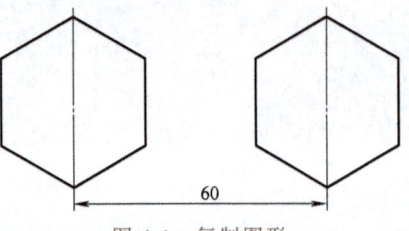

图 4-1 复制图形

选中六边形，执行【复制】命令后，命令行提示如下：

指定基点或[位移(D)/模式(O)]<位移>：   //捕捉底边中点作为基点。
指定基点或[位移(D)/模式(O)]<位移>:指定第二个点或<使用第一个点作为位移>:60✓
   //鼠标右移，输入复制距离"60"并确认。
指定第二个点或[退出(E)/放弃(U)]<退出>:✓   //确认退出。

提示：执行【复制】命令时，可将图形从一个目标点复制到另一个目标点，两点的位置也可用相对坐标值表示。

三、移动对象

执行【移动】命令的方法如下：

- 快捷菜单：选中对象，单击鼠标右键，选择【移动】命令。
- 功能区/工具栏：选中对象，单击【移动】按钮。
- 菜单栏：选中对象，单击【修改】|【移动】。
- 命令行：选中对象，输入 MOVE✓或 M✓。

选中对象，执行【移动】命令后，命令行提示如下：

指定基点或[位移(D)]<位移>：   //捕捉基点。
指定第二个点或<使用第一个点作为位移>:＊＊✓   //输入移动距离并确认。

四、镜像对象

执行【镜像】命令的方法如下：

- 功能区/工具栏：选中对象，单击【镜像】按钮。
- 菜单栏：选中对象，单击【修改】|【镜像】。
- 命令行：选中对象，输入 MIRROR✓或 MI✓。

例 4-2 通过【镜像】命令镜像图形，如图 4-2 所示。

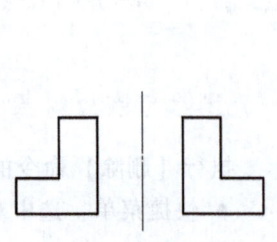

图 4-2 镜像图形

选中六边形，执行【复制】命令后，命令行提示如下：

指定镜像线的第一点：   //捕捉镜像线上的任意一点。
指定镜像线的第一点:指定镜像线的第二点：   //捕捉镜像线上的另一个点。
要删除源对象吗？[是(Y)/否(N)]<N>:✓   //默认为不删除,确认。如果要删除源对象,则输入"Y"并确认。

项目四 图形编辑

注意：镜像线由用户确定的两点决定，该线不一定是真实存在的，而且可以是任意角度的直线。当对文字对象进行镜像时，其镜像结果由系统变量 MIRRTEXT 控制。当 MIRRTEXT＝0 时，文字只是位置发生了镜像，但不发生颠倒；当 MIRRTEXT＝1 时，不仅文字位置发生镜像，而且发生颠倒，成为不可读的模式。

五、偏移对象

执行【偏移】命令的方法如下：
- 功能区/工具栏：选中对象，单击【偏移】按钮 。
- 菜单栏：选中对象，单击【修改】|【偏移】。
- 命令行：选中对象，输入 OFFSET↙或 O↙。

例 4-3　通过【偏移】命令将图形偏移 6，如图 4-3 所示。

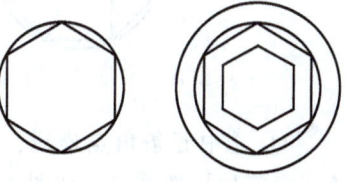

图 4-3　偏移图形

选中圆，执行【偏移】命令后，命令行提示如下：

指定偏移距离或［通过（T）/删除（E）/图层（L）］＜通过＞：6↙　　//输入偏移距离 6 并确认。

指定要偏移的那一侧上的点，或［退出（E）/多个（M）/放弃（U）］＜退出＞：　　//在圆的外侧单击一点。

选择要偏移的对象，或［退出（E）/放弃（U）］＜退出＞：　　//选中六边形。

指定要偏移的那一侧上的点，或［退出（E）/多个（M）/放弃（U）］＜退出＞：　　//在六边形的内侧单击一点。

选择要偏移的对象，或［退出（E）/放弃（U）］＜退出＞：↙　　//确认退出。

六、阵列对象

执行【阵列】命令的方法如下：
- 功能区/工具栏：选中对象，单击【阵列】按钮。
- 菜单栏：选中对象，单击【修改】|【阵列】。
- 命令行：选中对象，输入 ARRAY↙或 AR↙。

阵列分为矩形阵列、环形阵列和路径阵列。

例 4-4　使用【矩形阵列】命令将图 4-4 所示标记为 A 的正六边形阵列为 3 行 5 列，偏移量为 70。

① 选中正六边形，执行【矩形阵列】命令后，系统弹出【矩形阵列】选项卡，如图 4-5 所示。

② 在【行数】和【列数】文本框内分别输入"3"和"5"。

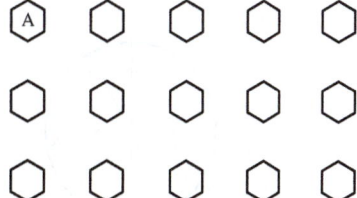

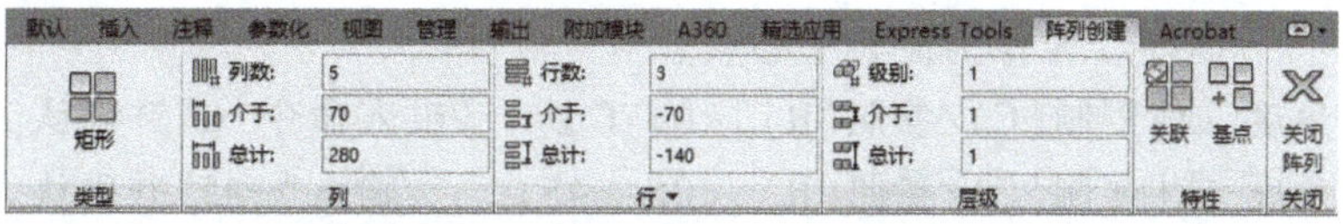

图 4-4　矩形阵列后的图形

图 4-5　【矩形阵列】选项卡

③ 在【行偏移】和【列偏移】文本框内分别输入"-70"和"70"。
④ 单击【关闭阵列】按钮。

例 4-5 使用【环形阵列】命令将图 4-6 所示的图形阵列为图 4-7 所示的图形。

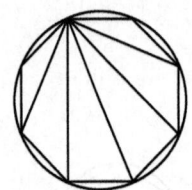
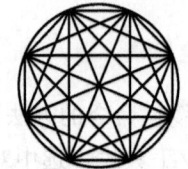

图 4-6 环形阵列前的图形　　　　　　　　图 4-7 环形阵列后的图形

① 选中五条角点连线,执行【环形阵列】命令后,选择环形阵列中心点,系统弹出【环形阵列】选项卡,如图 4-8 所示。
② 在【项目数】和【填充】文本框内分别输入"8"和"360"。
③ 单击【关闭阵列】按钮。

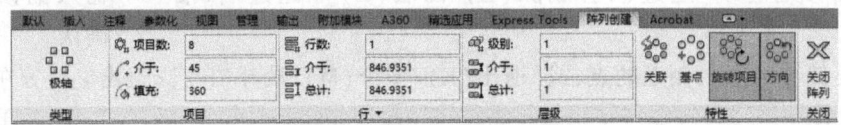

图 4-8 【环形阵列】选项卡

七、旋转对象

执行【旋转】命令的方法如下:
- 快捷菜单:选中对象,单击鼠标右键,选择【旋转】命令。
- 功能区/工具栏:选中对象,单击【旋转】按钮○。
- 菜单栏:选中对象,单击【修改】|【旋转】。
- 命令行:选中对象,输入 ROTATE ↙ 或 RO ↙。

例 4-6 使用【旋转】命令将图 4-9 所示的图形旋转为图 4-10 所示的图形。

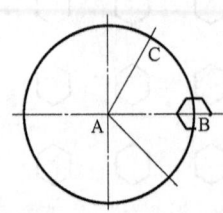
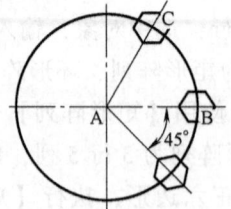

图 4-9 旋转前的图形　　　　　　　　图 4-10 旋转后的图形

选中正六边形,执行【旋转】命令后,命令行提示如下:
指定基点: //捕捉点 A 作为旋转中心点。
指定旋转角度,或[复制(C)/参照(R)]<0>:C↙　　//输入命令"C"并确认。
指定旋转角度,或[复制(C)/参照(R)]<0>:-45↙　　//输入"-45"并确认。
按空格键重复【旋转】命令后,命令行提示如下:

选择对象:找到一个　　//选择点 B 处的正六边形。
选择对象:✓　　//确认结束选择。
指定基点：　　//捕捉点 A 作为旋转中心点。
指定旋转角度,或[复制(C)/参照(R)]<315>:C✓　　//输入命令"C"并确认。
指定旋转角度,或[复制(C)/参照(R)]<315>:R✓　　//输入命令"R"并确认。
指定参照角<0>：　　//捕捉点 A(注意三点的顺序)。
指定参照角<0>:指定第二点：　　//捕捉点 B(注意三点的顺序)。
指定新角度[点(P)]<0>：　　//捕捉点 C(注意三点的顺序)。

八、缩放对象

执行【缩放】命令的方法如下：
- 快捷菜单：选中对象，单击鼠标右键，选择【缩放】命令。
- 功能区/工具栏：选中对象，单击【缩放】按钮。
- 菜单栏：选中对象，单击【修改】|【缩放】。
- 命令行：选中对象，输入 SCALE✓ 或 SC✓。

例 4-7　使用【缩放】命令绘制图形，如图 4-11 所示。

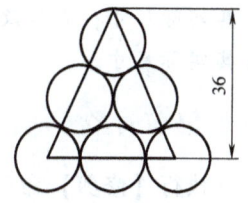

图 4-11　缩放图形

① 新建并保存图形文件，名称为"图 4-11　缩放图形"。
② 设置图形界限，根据绘图需要设置 A4 图幅。
③ 草图设置。开启【正交】、【对象捕捉】、【对象追踪】、【动态输入】等辅助绘图功能。在【草图设置】对话框中设置常用对象捕捉方式为【端点】、【中点】、【圆心】、【节点】、【象限点】、【交点】、【垂足】、【切点】。
④ 绘制图形。
a. 绘制半径为 12 的圆 A，如图 4-12a 所示。
b. 执行【复制】命令，绘制圆 B、圆 C，复制距离为 24，如图 4-12b 所示。
c. 执行【圆】命令中的【相切、相切、半径】命令绘制圆 D，如图 4-12c 所示。

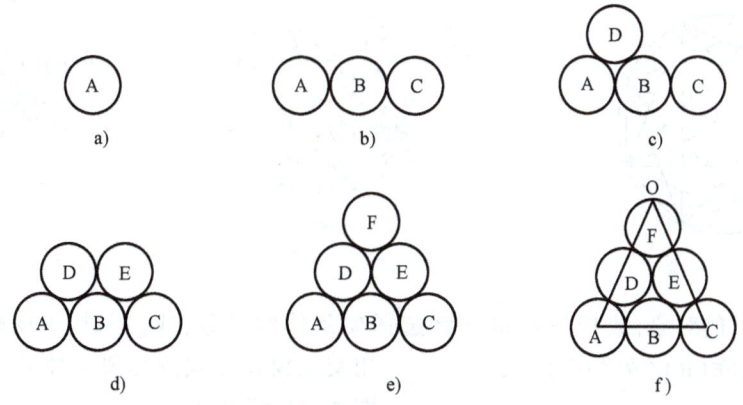

图 4-12　绘制缩放对象

注意：捕捉切点时，如果没有设置【切点】捕捉，可以使用临时捕捉功能，即按住<Ctrl>键的同时单击鼠标右键，在弹出的快捷菜单中选择【切点】命令。

d. 执行【复制】命令绘制圆 E，复制时基点选择圆 A 的圆心，第二点选择圆 B 的圆心，或者输入复制距离 "24"，如图 4-12d 所示。

e. 执行【圆】命令中的【相切、相切、半径】命令绘制圆 F，如图 4-12e 所示。

f. 执行【直线】命令绘制直线，如图 4-12f 所示。

⑤ 缩放图形。选中全部对象，执行【缩放】命令，命令行提示如下：

指定基点或：　　　　　//捕捉点 A 作为基点。

指定比例因子或[复制(C)/参照(R)]<1.0000>:R✓　　//输入命令 "R" 并确认。

指定参照长度<1.0000>:　　　　//捕捉点 B。

指定参照长度<1.0000>:指定第二点：　　//捕捉点 O。

指定新的长度或[点(P)]<1.0000>:36✓　　//输入 "36" 并确认。

⑥ 保存图形。

注意：导航栏中的缩放命令按钮只能改变所选对象在显示屏幕上的视觉大小，并不能改变其实际尺寸；而修改工具栏中的缩放命令按钮不仅能改变所选对象视觉上的大小，也能改变其实际尺寸。

九、修剪对象

执行【修剪】命令的方法如下：

- 功能区/工具栏：选中对象，单击【修剪】按钮 -/---。
- 菜单栏：选中对象，单击【修改】|【修剪】。
- 命令行：选中对象，输入 TRIM✓ 或 TR✓。

选中对象，执行【修剪】命令，如图 4-13a 所示，直接拾取或者用交叉窗口方式选择要剪掉的对象，如图 4-13b 所示。

图 4-13 修剪图形（一）

例 4-8 使用【修剪】命令绘制图形，如图 4-14 所示。

打开名称为 "图 4-7 环形阵列后的图形" 的文件，另存为名称是 "图 4-14 修剪图形（二）" 的文件。选中全部图形，如图 4-15a 所示。执行【修剪】命令后，命令行提示如下：

图 4-14 修剪图形（二）

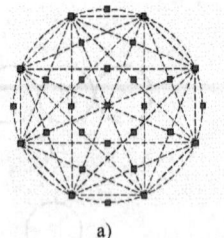
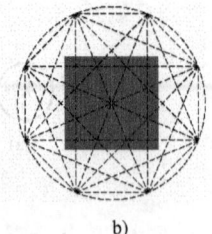

图 4-15 选择修剪对象

选择要修剪的对象，或按住 <Shift> 键选择要延伸的对象，或[栏选(F)/窗交(C)/投影(P)/边(E)/删除(R)/放弃(U)]:✓　　//用交叉窗口方式选择要剪掉的对象并确认，如图 4-15b 所示。

十、延伸对象

执行【延伸】命令的方法如下：

项目四 图形编辑

- 功能区/工具栏：选中对象，单击【延伸】按钮--/。
- 菜单栏：选中对象，单击【修改】|【延伸】。
- 命令行：选中对象，输入 EXTEND ↙ 或 EX ↙。

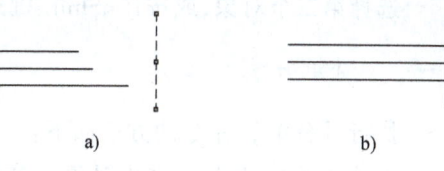

图 4-16 延伸图形

选中对象，执行【延伸】命令，如图 4-16a 所示，直接拾取或者用交叉窗口方式选择要延伸的对象后确认，如图 4-16b 所示。

十一、创建倒角

执行【倒角】命令的方法如下：

- 功能区/工具栏：单击【倒角】按钮◿。
- 菜单栏：单击【修改】|【倒角】。
- 命令行：输入 CHAMFER ↙ 或 CHA ↙。

例 4-9　对已知图形进行倒角，倒角值为 C5，如图 4-17 所示。

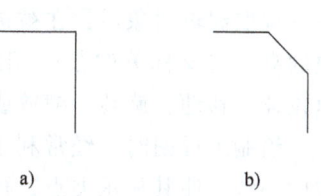

图 4-17 倒角

执行【倒角】命令后，命令行提示如下：

（"修剪"模式）当前倒角距离 1 = 0.0000，距离 2 = 0.0000

选择第一条直线或[放弃(U)/多段线(P)/距离(D)/角度(A)/修剪(T)/方式(E)/多个(M)]：A↙　　//输入命令"A"并确认。

指定第一条线的倒角长度<0.0000>:5↙　　//输入倒角长度 5，确认。

指定第一条线的倒角角度<0.>:45↙　　//输入倒角角度 45，确认。

选择第一条直线或[放弃(U)/多段线(P)/距离(D)/角度(A)/修剪(T)/方式(E)/多个(M)]：　　//拾取第一条直线。

选择第二条直线，或按住<Shift>键选择要应用角点的直线：　　//拾取第二条直线。

十二、创建圆角

执行【圆角】命令的方法如下：

- 功能区/工具栏：单击【圆角】按钮◠。
- 菜单栏：单击【修改】|【圆角】。
- 命令行：输入 FILLET ↙ 或 F ↙。

例 4-10　对已知图形进行倒圆角，圆角值为 R5，如图 4-18 所示。

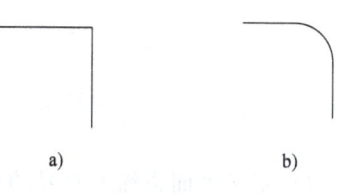

图 4-18 倒圆角

执行【圆角】命令后，命令行提示如下：

当前设置：模式 = 修剪，半径 = 0.0000

选择第一个对象或[放弃(U)/多段线(P)/距离(D)/角度(A)/修剪(T)/方式(E)/多个(M)]：R↙　　//输入命令"R"并确认。

指定圆角半径<0.0000>:5↙　　//输入圆角半径值"5"并确认。

选择第一个对象或[放弃(U)/多段线(P)/距离(D)/角度(A)/修剪(T)/方式(E)/多个(M)]：　　//拾取第一条直线。

49

选择第二个对象,或按住<Shift>键选择要应用角点的对象：//拾取第二条直线。

十三、对象分解

执行【分解】命令的方法如下：
- 功能区/工具栏：选中对象,单击【分解】按钮 。
- 菜单栏：选中对象,单击【修改】|【分解】。
- 命令行：选中对象,输入 EXPLODE✓或 X✓。

以矩形为例,选中矩形,执行【分解】命令后,一个完整的矩形将分解成四条直线。

十四、夹点编辑

选取编辑对象后,在被选取对象的关键点上将出现若干个小方格,这些小方格称为该对象的夹点（又称关键点）。用户可以利用夹点编辑功能编辑对象,即通过拖动这些夹点来快速拉伸、移动、旋转、缩放或镜像对象。

绘制工程图时,经常利用夹点编辑功能对图形中的中心线进行拉伸或缩短。方法为：拾取中心线,使其显示夹点,再分别单击直线两端的夹点,将其移动到新的位置。

提示：要取消实体的夹点编辑状态,可连续按下<Esc>键,直到夹点消失。

任务二　图块的创建

图块是一个或多个对象的集合,是一个整体,可以重复调用。它是 AutoCAD 2018 最具特色的功能之一。机械制图中有一些需要反复使用的图形,如表面粗糙度符号、基准符号、标题栏、明细栏等,如果将它们定义成块,需要时插入图形文件的指定位置,则可以大大提高绘图的质量和速度。

例 4-11　将图 4-19 所示的表面粗糙度符号定义为带属性的图块,并插入图形中。

1) 绘制表面粗糙度符号,并输入字母"Ra",如图 4-20 所示。

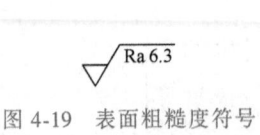

图 4-19　表面粗糙度符号

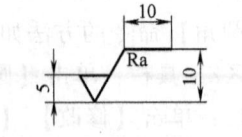

图 4-20　绘制表面粗糙度符号

2) 定义表面粗糙度符号的属性。

① 执行【定义属性】命令的方法如下：
- 菜单栏：单击【绘图】|【块】|【定义属性】。
- 命令行：ATTDEF✓或 ATT✓。

② 执行【定义属性】命令后,系统弹出【属性定义】对话框。在【标记】文本框中输入"A",在【提示】文本框中输入"输入粗糙度的值",在【默认】文本框中输入"1.6",如图 4-21 所示。

③ 单击【属性定义】对话框中的【确定】按钮,命令行提示如下：

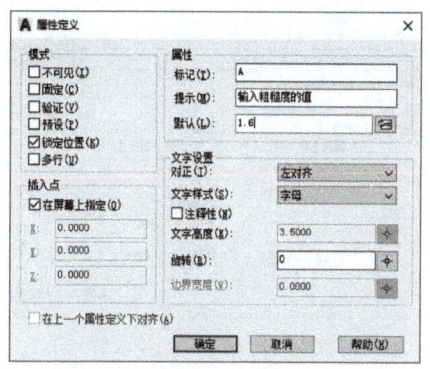

图 4-21 【属性定义】对话框

指定起点：　　//在绘图窗口的适当位置拾取点，放置 A，如图 4-22 所示。
将赋予属性的表粗糙度符号定义为外部块（写块）：

④ 执行【写块】命令的方法如下：

- 命令行：输入 WBLOCK↙或 W↙。

⑤ 执行【写块】命令后，系统弹出【写块】对话框，如图 4-23 所示。

a. 单击【基点】选项下面的【拾取点】按钮，选择图形的底点作为基点。

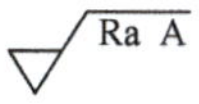

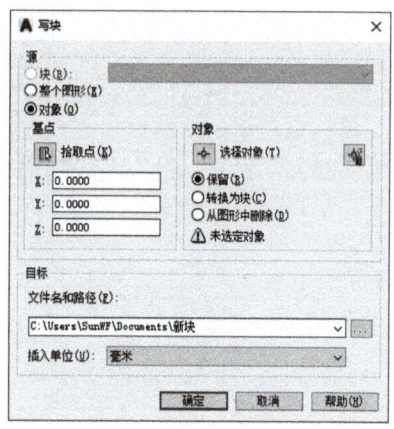

图 4-22　定义表面粗糙度符号属性

图 4-23　【写块】对话框

b. 单击【对象】选项下面的【选择对象】按钮，选择全部图形对象。
c. 指定保存位置，输入文件名为"粗糙度"。
d. 单击【写块】对话框中的【确定】按钮。

⑥ 在图形中使用块。执行【插入块】命令的方法如下：

- 菜单栏：【插入】|【块】。
- 功能区/工具栏：单击【插入块】按钮。
- 命令行：输入 INSERT↙。

⑦ 执行【插入块】命令后，系统弹出【插入】对话框，如图 4-24 所示。

⑧ 单击【浏览】按钮，选择"粗糙度"块后单击【确定】按钮，在指定的位置放置表

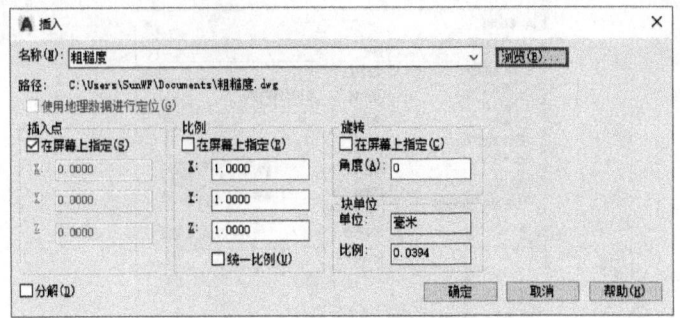

图 4-24 【插入】对话框

面粗糙度符号，输入新值即可。

⑨ 用同样的方法可将基准符号创建为带属性的块。

项目五

绘制简单零件图

要绘制一幅完整的图形,需要合理、灵活地应用之前项目讲过的各个知识点,本项目将以三个简单零件图的绘制为例,来讲解绘制零件图的一般过程。

知识目标
1) 掌握用 AutoCAD 2018 绘制简单零件图的步骤和方法。
2) 掌握 AutoCAD 2018 剖视图的创建方法。

技能目标
能够熟练使用 AutoCAD 2018 绘制简单零件图。

重点和难点
1) 三视图的正确绘制。
2) 剖视图的正确绘制。

任务一 绘制三视图

用 AutoCAD 2018 绘制组合体三视图的步骤与手工绘图基本相同,关键是作图时要保证尺寸准确,以及视图间的投影关系正确。各视图之间的间距,常用 45°辅助线法来保证。

现以图 5-1 所示的轴承座为例,运用 AutoCAD 2018 绘制其三视图。

该轴承座可分为四部分:长方体底板、上部的圆柱筒、两侧的肋板、前部带圆孔的圆柱体。

一、新建并保存图形文件

1. 新建图形文件

新建图形文件有以下两种方法:
- 在文件夹中双击已保存的"A3 图形样板"。
- 执行【新建】命令,打开【选择样板】对话框,双击"A3 图形样板"。

2. 保存图形文件

执行【保存】命令,输入新建图形的名称为"轴承座三视图"。

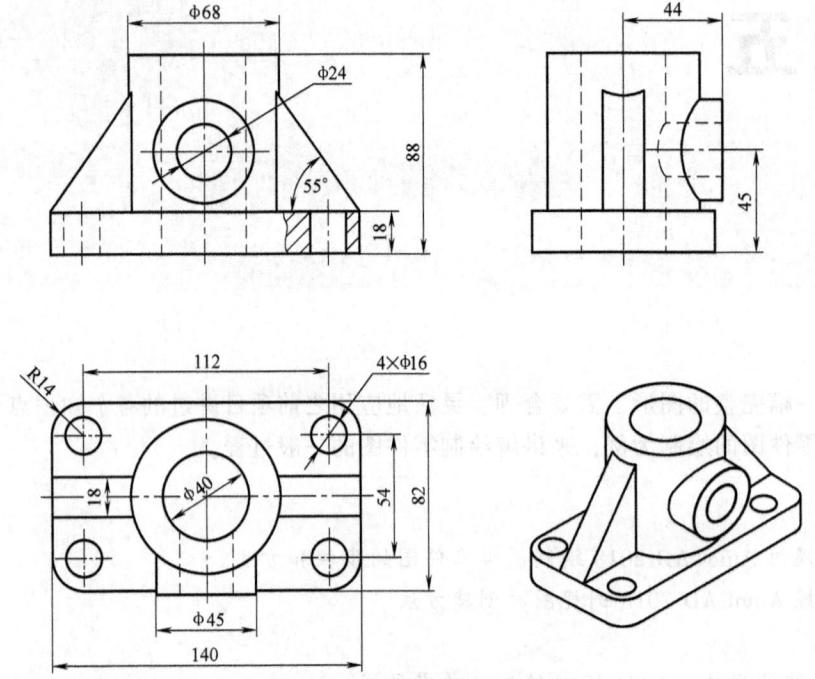

图 5-1 轴承座三视图和实体图

二、绘制三视图

1. 草图设置

开启【正交】、【对象捕捉】、【对象追踪】、【动态输入】等辅助绘图功能，设置常用对象捕捉方式。

2. 绘制中心线等基准线和辅助线

1) 绘制基准线。选择【中心线】图层，执行【直线】命令，绘制主视图和俯视图的对称中心线 AB、CD，以及左视图的中心线 EF。

2) 绘制辅助线。选择【细实线】层，执行【构造线】命令，通过 CD 与 EF 的交点 D 绘制一条 -45°的构造线，如图 5-2 所示。

提示：绘制中心线、虚线等非连续线型时，有时会由于间距太小而变成连续线，为此，可对图形设置线型比例，以改变非连续线型的外观。具体方法如下：

单击【格式】|【线型】，系统弹出【线型管理器】对话框，在线型列表中选择某一线型，然后利用【详细信息】设置区中的【全局比例因子】编辑框选择适当的比例系数，即可设置图形中所有非连续线型的外观。

利用【当前对象缩放比例】编辑框，可以设置将要绘制的非连续线型的外观，而原来绘制的非连续线型的外观并不受影响。

3. 绘制底板外形

第 1 步：选择【粗实线】图层，执行【偏移】或【复制】命令，将中心线 AB 向左偏移 70，将中心线 CD 向下偏移 41，将中心线 EF 向左偏移 41。

第2步：执行【矩形】命令，绘制底板的三视图。捕捉主视图矩形的第一个角点时，可单击鼠标右键，在快捷菜单中选择【最近点】作为临时捕捉点。

第3步：执行【分解】命令，将矩形分解，如图5-3所示。

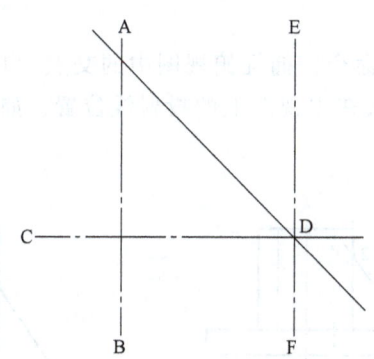

图5-2　绘制中心线和辅助线

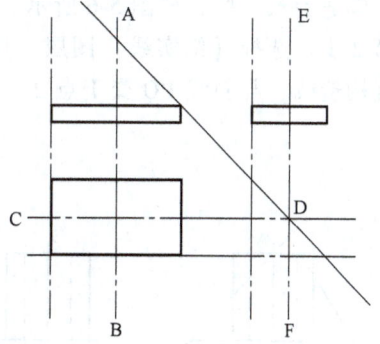

图5-3　绘制底板三视图

4. 绘制底板圆角及四个 φ16 圆孔

第1步：执行【圆角】命令，绘制俯视图中的四个 R14 圆角。

第2步：执行【圆】命令，绘制俯视图中一个圆孔的投射线，为 φ16 的圆，添加圆的中心线，然后通过【阵列】或【复制】命令完成其余三个圆的绘制。

第3步：选择【虚线】图层，执行【直线】命令，利用【对象追踪】功能，将俯视图中圆的象限点作为追踪参考点，绘制主视图与左视图中圆孔的投射线。可以先绘制一个圆孔的投射线，然后通过【镜像】或【复制】命令得到其余圆孔的投射线，如图5-4所示。

5. 绘制上部圆筒

第1步：选择【粗实线】图层，执行【圆】命令，绘制俯视图中 φ68 的圆。

第2步：执行【矩形】命令，利用【对象追踪】功能，将俯视图中圆的象限点作为追踪参考点，绘制主视图中圆柱的投射线；执行【复制】命令，将主视图中圆柱的投射线复制到左视图中。

第3步：按同样的方法，绘制 φ40 的圆孔在三视图中的投射线，注意将主视图和左视图中的投射线改为虚线。

第4步：执行【分解】命令，将矩形分解，删除重复的直线，如图5-5所示。

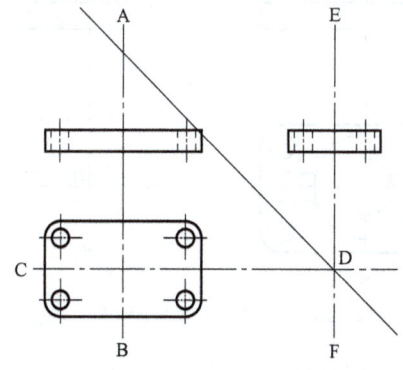

图5-4　绘制底板圆角及四个 φ16 圆孔

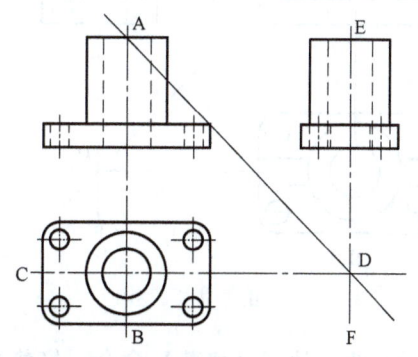

图5-5　绘制上部圆筒三视图

6. 绘制左右肋板

第1步：执行【直线】命令，绘制肋板在俯视图和左视图中的投射线，左视图中的投射线可以适当长一些。打开【极轴追踪】，增量角设置为"55°"，绘制肋板在主视图中的投射线，应适当长一些，如图5-6所示。

第2步：选择【细实线】图层，执行【构造线】命令，捕捉俯视图中的交点"1"，绘制垂直构造线，与斜线PQ交于点2，直线12即是肋板在主视图上的投射线位置，如图5-7所示。

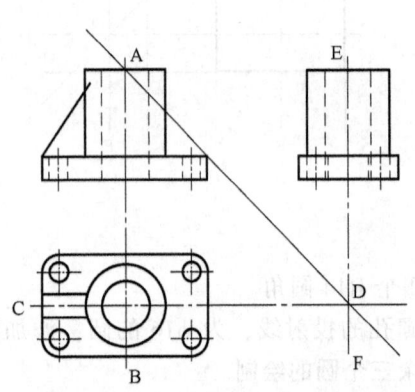

图5-6 绘制肋板投射线

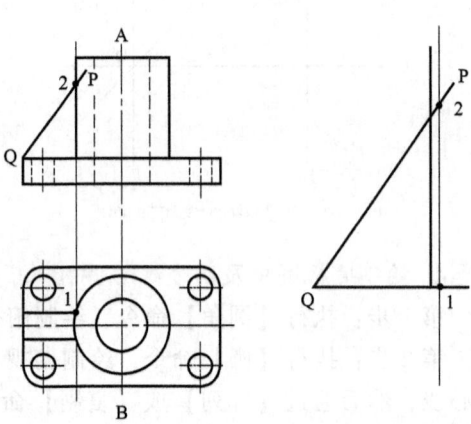

图5-7 绘制直线12

第3步：选择【粗实线】图层，执行【直线】命令，从点2绘制肋板投影的垂线，删除直线12，执行【修剪】命令，修剪主视图中肋板的投射线。

第4步：执行【镜像】命令，镜像主视图和俯视图中肋板的投射线，如图5-8所示。

第5步：执行【构造线】命令，分别捕捉交点2、3，绘制水平构造线，与肋板在左视图上的投射线交于点4、5、6；执行【圆弧】命令，利用【三点】方式绘制圆弧，完成肋板在左视图上的相贯线投影，如图5-9所示。

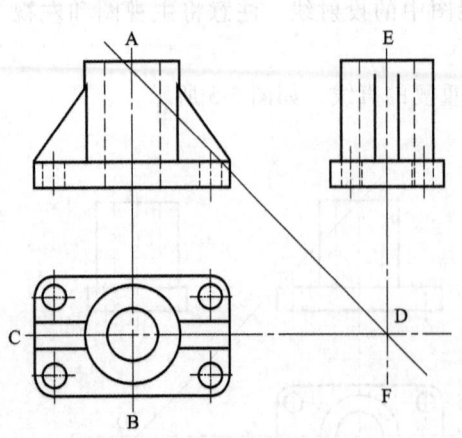

图5-8 修剪、镜像肋板投射线

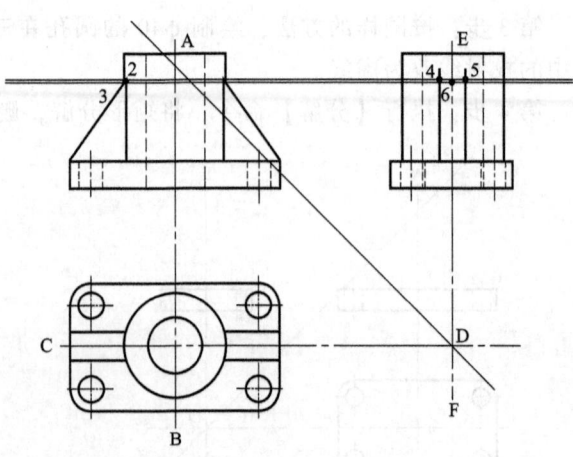

图5-9 绘制肋板相贯线

第6步：执行【修剪】命令，修剪左视图中肋板的投射线。

7. 绘制前部带圆孔的圆柱

第 1 步：执行【圆】命令，绘制主视图中 φ45 的圆，绘制圆的中心线。

第 2 步：执行【偏移】命令，绘制圆柱在左视图中的投射线，可稍长一些。

第 3 步：执行【构造线】命令，通过主视图中圆的象限点、左视图中的投射线绘制三条垂直构造线，通过交点 7 绘制一条水平构造线。

第 4 步：执行【直线】命令，捕捉交点，绘制圆柱在俯视图中的投射线，如图 5-10 所示。

第 5 步：执行【构造线】命令，通过俯视图中的投射线绘制一条水平构造线，通过该线与 45°构造线的交点绘制一条垂直构造线。

第 6 步：执行【圆弧】命令，利用【三点】方式通过点 8、9、10 绘制圆弧，完成前部圆柱在左视图上的相贯线投影，如图 5-11 所示。

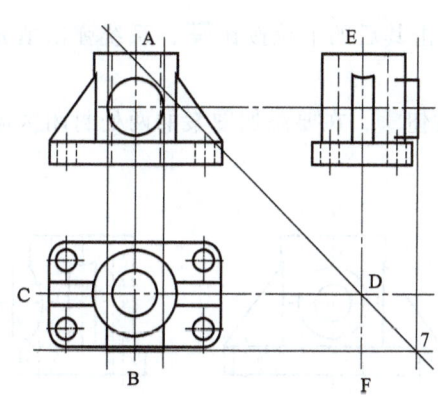

图 5-10　绘制前部圆柱投影

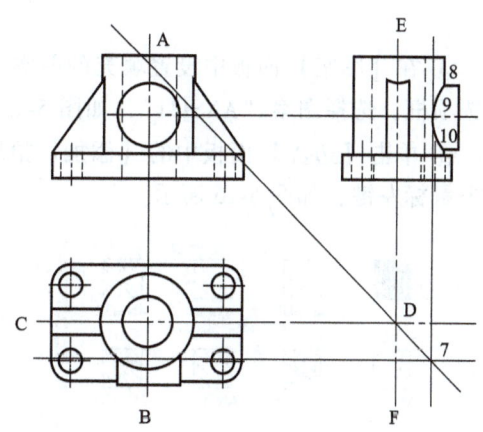

图 5-11　绘制前部圆柱相贯线

第 7 步：用同样的方法绘制圆孔在三视图上的投影，如图 5-12 所示。

8. 绘制局部剖视图

第 1 步：选择【细实线】图层，执行【样条曲线】命令，关闭【正交】【对象捕捉】【对象追踪】等辅助绘图功能，设置【最近点】为临时捕捉点，绘制波浪线，如图 5-13 所示。

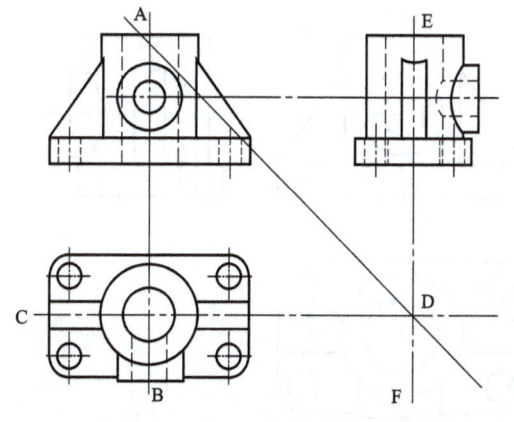

图 5-12　绘制圆孔投影

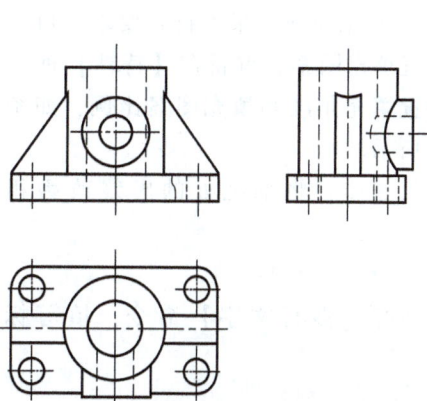

图 5-13　绘制波浪线

第2步：用【图案填充】命令填充剖面线。

① 执行【图案填充】命令的方法如下：
- 功能区/工具栏：单击【图案填充】按钮。
- 菜单栏：单击【绘图】|【图案填充】。
- 命令行：BHATCH↙或 BH↙。

② 选择【剖面线】图层，执行【图案填充】命令，系统弹出【图案填充创建】选项卡，如图5-14所示。

图5-14 【图案填充创建】选项卡

③ 在【图案】面板中设置填充的图案，或者单击其后的下拉按钮，系统弹出填充图案选项框，选择图案"ANSI31"，如图5-15所示。

④ 单击【边界】面板中的【添加：拾取点】按钮，在要添加图案的两处封闭区域内单击鼠标左键，如图5-16所示。

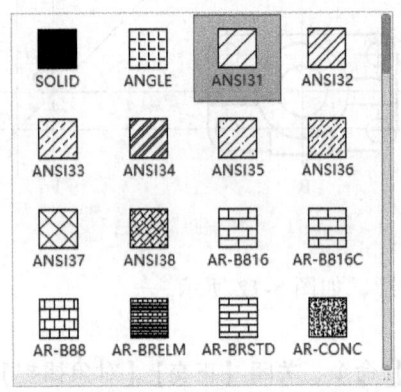

图5-15 选择图案"ANSI31"

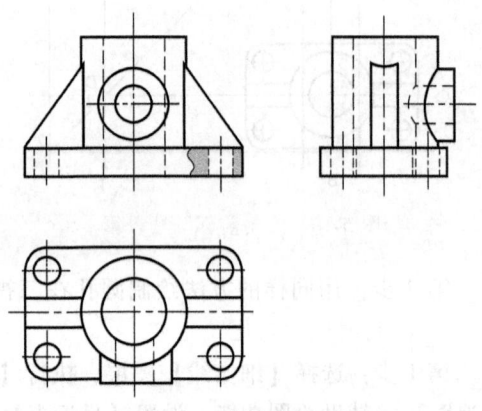

图5-16 选择填充区域

⑤ 如果填充效果不符合要求，可重新设置填充图案，重新在【特性】面板中设置填充角度和填充图案比例，如图5-17所示。

第3步：将剖视处的虚线改为粗实线。

9. 填写标题栏

执行【多行文字】命令，填写标题栏。

10. 编辑图形

删除多余的线，将中心线调整为合

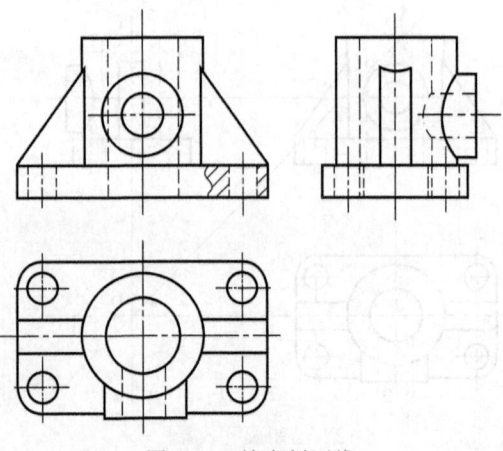

图5-17 填充剖面线

适的长度,调整三视图的位置,完成全图,如图 5-18 所示。

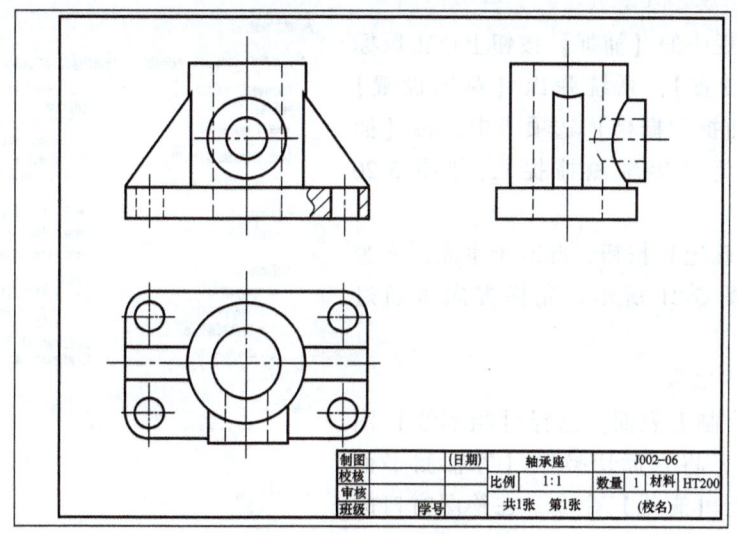

图 5-18 完成的三视图

11. 保存图形

任务二 绘制轴测图

现以图 5-19 为例,说明运用 AutoCAD 2018 绘制正等轴测图的方法。

通过分析可知,该轴测图由底板和立板两部分组成。底板上开了一个圆形通孔,底面开有矩形槽,并倒有圆角。立板上开有一个异形孔,并倒有斜角。

一、新建并保存图形文件

1. 新建图形文件

新建图形文件有两种方法。

● 在文件夹中双击已保存的"A4 图形样板"文件。

● 执行【新建】命令,打开【选择样板】对话框,双击"A4 图形样板"文件。

2. 保存图形文件

执行【保存】命令,输入新建图形的名称为"正等轴测图"。

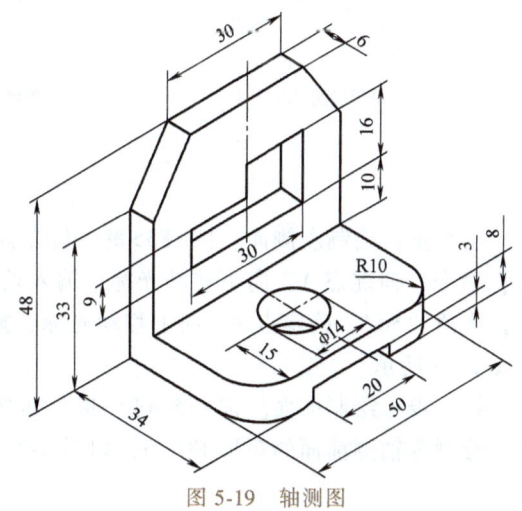

图 5-19 轴测图

二、绘制轴测图

1. 草图设置

开启【正交】、【对象捕捉】、【对象追踪】、【动态输入】等辅助绘图功能,设置常用对象捕捉方式。

2. 设置捕捉类型和样式

1) 在状态栏中的【捕捉】按钮上单击鼠标右键,选择【设置】,系统弹出【草图设置】对话框,在【捕捉和栅格】选项卡中,将【捕捉类型】设置为【等轴测捕捉】,如图 5-20 所示。

2) 单击【确定】按钮,此时十字光标变为等轴方向,如图 5-21 所示。光标方向可通过 <F5> 键切换。

3. 绘制水平底板

第 1 步:绘制上表面。选择【粗实线】图层,按 <F5> 键,将光标切换至【等轴测平面 上】状态,执行【直线】命令,在绘图窗口的

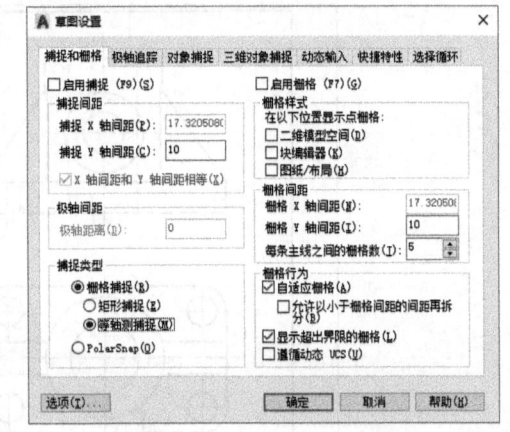

图 5-20 【草图设置】对话框

任意一点处单击,确定点 A,向右上移动光标,输入长度值"50",确定点 B。再向右下方移动光标,输入长度值"34",确定点 C。依此类推,绘制出等轴测上平面的矩形 ABCD,如图 5-22 所示。

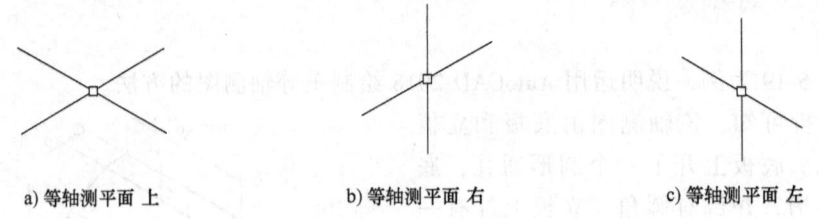

a) 等轴测平面 上   b) 等轴测平面 右   c) 等轴测平面 左

图 5-21 等轴测状态下十字光标的形状

第 2 步:绘制左侧面。按 <F5> 键,将光标切换至【等轴测平面 左】状态,执行【直线】命令,捕捉点 A,向下移动光标,输入长度值"8",确定点 E。向右下方移动光标,输入长度值"50",确定点 F。向上移动光标,捕捉点 D,绘制出等轴测左侧面的矩形 AEFD,如图 5-23 所示。

第 3 步:绘制前面。按 <F5> 键,将光标切换至【等轴测平面 右】状态,用同样的方法,绘制等轴测前面的矩形 FGCD,如图 5-24 所示。

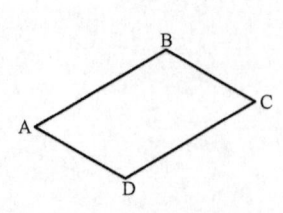

图 5-22 绘制上平面

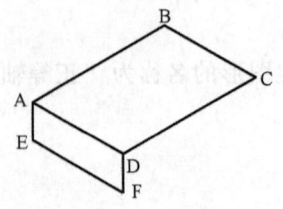

图 5-23 绘制左侧面

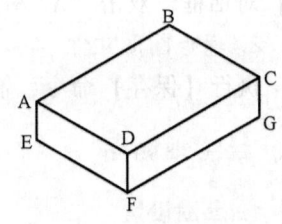

图 5-24 绘制前面

4. 绘制立板

第1步：按<F5>键，将光标切换至【等轴测平面 右】状态，执行【直线】命令，按尺寸要求绘制立板的外侧矩形ABHJ，如图5-25所示。

第2步：按<F5>键，将光标切换至【等轴测平面 左】状态，选中矩形ABHJ，执行【复制】命令，将矩形ABHJ沿AD方向复制6个单位，删除、修剪多余的直线，如图5-26所示。

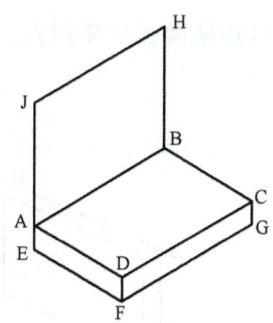

图5-25 绘制立板外侧矩形

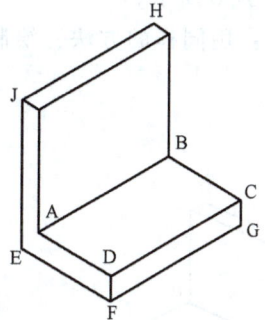

图5-26 绘制立板

5. 绘制水平底板上的圆孔

第1步：确定椭圆中心。执行【复制】命令，将直线CD沿DA方向复制15个单位，该线的中点O即为椭圆的圆心。

第2步：绘制上平面椭圆。按<F5>键，将光标切换至【等轴测平面 上】状态，执行【椭圆】命令，命令行提示如下：

指定椭圆的轴端点或［圆弧（A）/中心点（C）/等轴测圆（I）］：I↙ //输入命令"I"并确认。

指定等轴测圆的圆心： //捕捉中点O。

指定等轴测圆的半径或［直径（D）］：7↙ //输入半径值并确认。

所得图形如图5-27所示。

第3步：绘制下底面椭圆。按<F5>键，将光标切换至【等轴测平面 右】状态，选中椭圆，执行【复制】命令，将椭圆向下复制8个单位，修剪、删除多余的线，如图5-28所示。

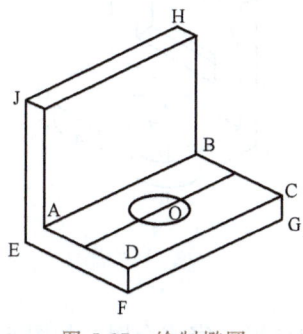

图5-27 绘制椭圆

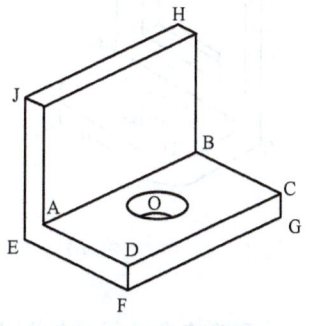

图5-28 复制椭圆

6. 绘制水平底板圆角

第 1 步：确定椭圆中心。执行【复制】命令，将直线 CD 沿 DA 方向复制 10 个单位，将直线 AD 沿 DC 方向复制并移动 10 个单位，两条直线的交点即为圆角的圆心。

第 2 步：按<F5>键，将光标切换至【等轴测平面 上】状态，执行【椭圆】命令，绘制等轴测圆的半径为 10mm 的椭圆，修剪、删除多余的线，如图 5-29 所示。

第 3 步：选中圆角，执行【复制】命令，将圆角向下复制 8 个单位，修剪、删除多余的线，如图 5-30 所示。

第 4 步：用同样的方法，绘制点 C、G 处的圆角，最后连接圆弧的象限点，如图 5-31 所示。

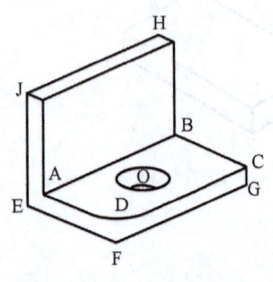
图 5-29 绘制圆角

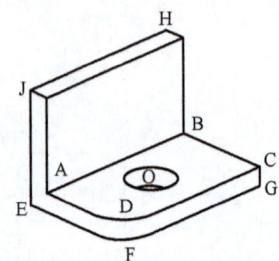
图 5-30 复制圆角

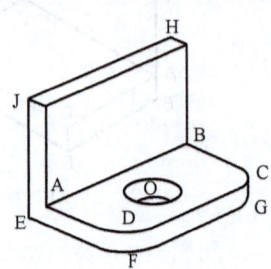
图 5-31 绘制圆角

7. 绘制水平底板上的矩形槽及立板上的异形孔

执行【直线】、【复制】、【修剪】、【删除】等命令，绘制水平底板上的矩形槽及立板上的异形孔，如图 5-32 所示。

8. 绘制立板上的倒角

第 1 步：执行【复制】命令，将直线 JM、HN 分别向下复制 15 个单位、沿 AB 方向复制 10 个单位，然后连线，如图 5-33 所示。

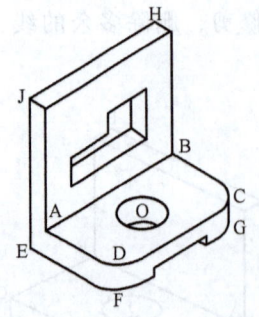
图 5-32 绘制矩形槽及异形孔

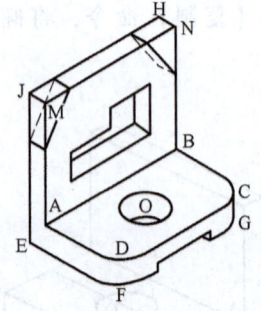
图 5-33 绘制倒角

第 2 步：删除多余的线，绘制中心线，调整轴测图的位置，完成全图，如图 5-34 所示。

项目五　绘制简单零件图

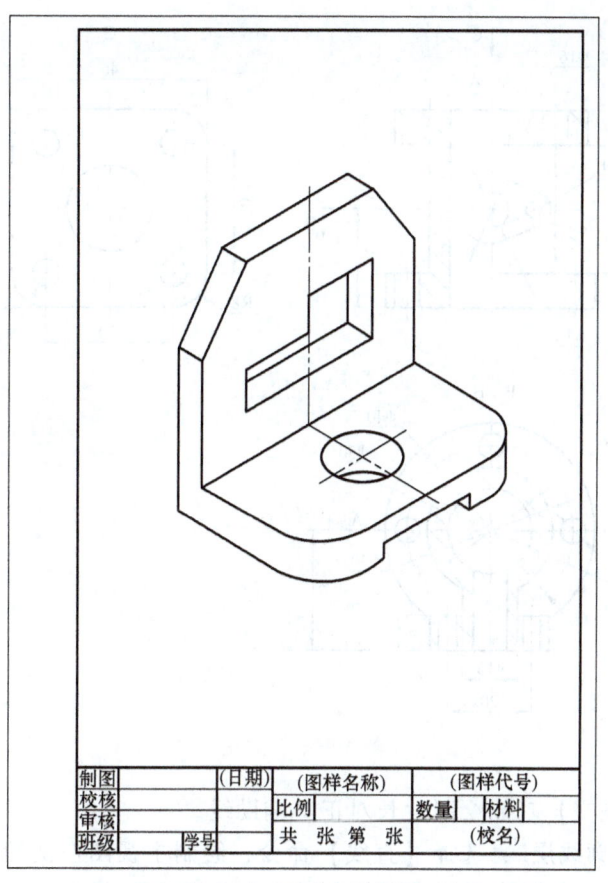

图 5-34　完成的轴测图

任务三　绘制剖视图

下面以图 5-35 为例来介绍绘制剖视图的方法和步骤。

绘制图 5-35 所示剖视图时，需要使用的命令较多：综合使用【直线】、【偏移】、【打断】等命令绘制基准线；综合使用【圆】、【阵列】、【修剪】、【夹点编辑】等命令绘制俯视图；综合使用【构造线】、【直线】、【圆】、【镜像】、【修剪】、【矩形】、【阵列】等命令绘制主视图和向视图；使用【多段线】命令绘制箭头；使用【图案填充】命令绘制剖面线。

一、绘制基准线、俯视图和主视图

1）新建"模板. det"作为当前图形文件，并执行【全部缩放】命令，将图形界限最大化地显示在绘图区域，设置图层。

2）将"中心线层"设置为当前图层，选择【直线】命令，绘制基准线并偏移，如图 5-36 所示。

3）选择【圆】命令，绘制中心线圆；切换至"轮廓线层"，重复【圆】命令，绘制俯视图上所有的圆；选择【环形阵列】命令，阵列复制小圆；切换至"细实线层"，选择【射

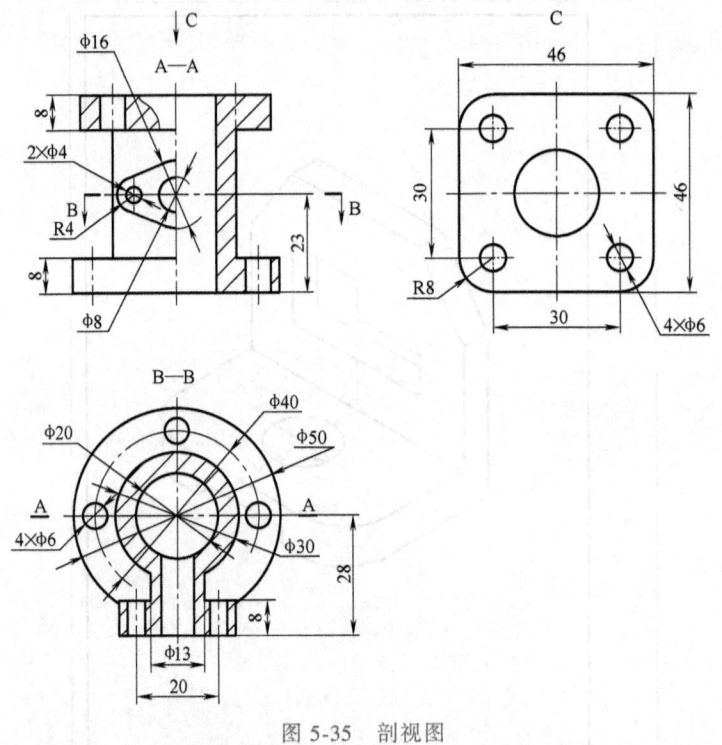

图 5-35 剖视图

线】命令,配合【正交】功能绘制"长对正"辅助线。

4)切换至"轮廓线层",选择【直线】命令,绘制主视图左侧轮廓线;选择【镜像】命令,镜像复制主视图右侧轮廓线,绘制小圆孔和中间通孔的投影;选择【圆】命令,绘制主视图上的圆,选择【直线】命令,绘制圆的公切线;选择【修剪】命令,修剪主视图,如图 5-37 所示。

5)切换至"细实线层",选择【射线】命令,配合【正交】功能绘制"长对正"辅助线;切换至"轮廓线层",按尺寸绘制菱形凸台在俯视图中的投影;选择【修剪】命令,修剪被遮挡部分的线段,如图 5-38 所示。

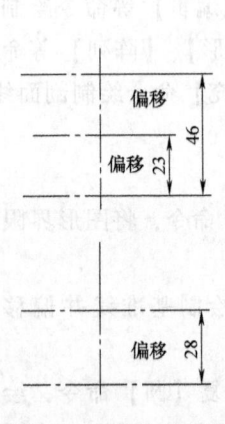

图 5-36 绘制基准线

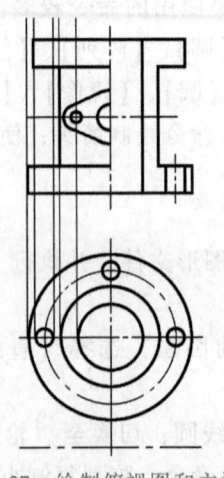

图 5-37 绘制俯视图和主视图

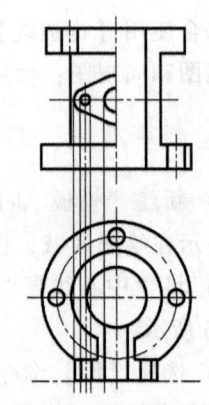

图 5-38 绘制俯视图

二、绘制断裂边界线、剖面线、投射方向箭头、C 向视图和文字标注

1) 切换至"细实线层",选择【波浪线】命令,绘制主视图上的波浪线(剖视图与视图的分界线)。

2) 选择【图案填充】命令,打开【图案填充创建】选项卡,在【图案】面板中选择"ANSI31";在【边界】面板中单击按钮,命令行提示如下:

拾取内部点或[选择对象(S)/放弃(U)/设置(T)]:在主视图和俯视图要画剖面线的区域内单击,单击【关闭图案填充创建】。

3) 选择【多段线】命令,绘制投射方向箭头,箭头尾部的宽度为 2、尖端的宽度为 0,长度自定,绘制效果如图 5-39 所示。

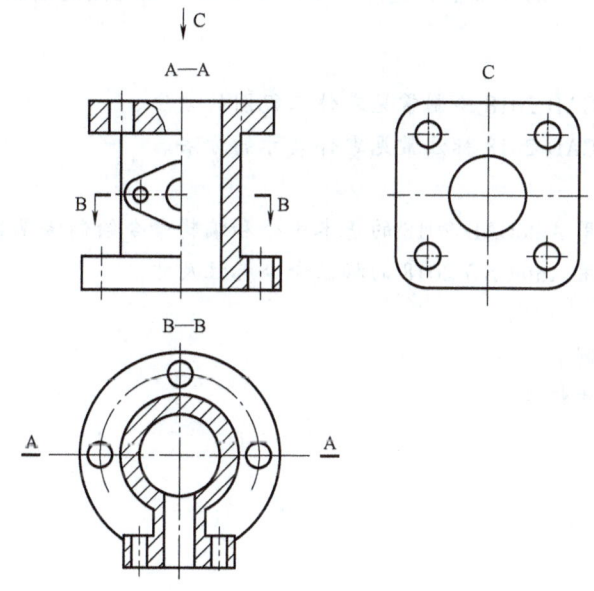

图 5-39 剖视图

4) 选择【绘图】|【文字】|【单行文字】命令,命令行提示如下:
指定文字的起点或[对中的(J)/样式(S)]: //在适当位置单击。
指定高度<2.5>:键入 3.5↙;指定文字的旋转角度<0>:↙;输入文字: //单击另一处,输入文字,按<Enter>键。

5) 选择【矩形】命令,设置圆角半径为"8",绘制 C 向视图轮廓;选择【直线】命令,通过矩形各边的中点绘制圆的中心线;选择【偏移】命令,偏移距离为"15",确定左下角圆的中心点;选择【圆】命令,绘制 φ20 和 φ6 的圆;选择【矩形阵列】命令,打开【阵列创建】选项卡,设置为"两行、两列",行偏移"30",列偏移"30",选择左下角圆和中心线,单击【确定】按钮,完成剖视图的绘制。

三、完成尺寸标注

选择尺寸标注中的【线性】、【直径】、【半径】等命令进行标注,最后得到图 5-35。

项目六

绘制常见零件三视图并标注尺寸

本项目将在之前项目的基础上,进一步学习常见零件三视图的绘制及尺寸标注方法。

知识目标
1)掌握用 AutoCAD 2018 绘制常见零件三视图的方法。
2)掌握用 AutoCAD 2018 标注常见零件尺寸的方法。

技能目标
1)能够熟练使用 AutoCAD 2018 的基本命令和编辑命令绘制常见零件的三视图。
2)能够熟练使用 AutoCAD 2018 的标注命令标注尺寸。

重点和难点
1)零件图的绘制。
2)零件图的尺寸标注。

任务一 绘制视图并标注尺寸

现以图 6-1 所示零件图为例,讲述 AutoCAD 2018 中常用命令的使用方法和尺寸标注方法。

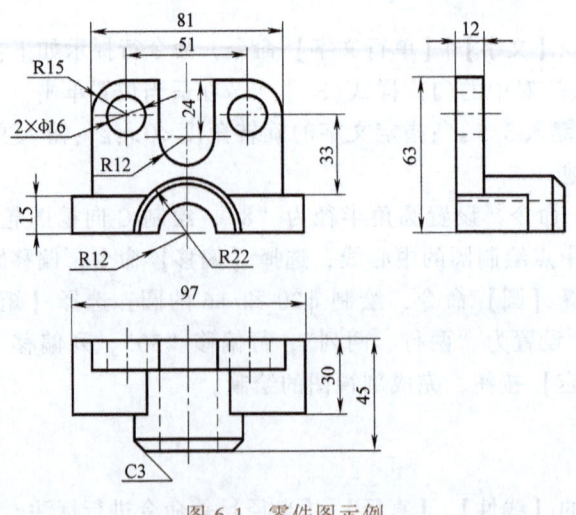

图 6-1 零件图示例

一、绘制主视图

1) 新建"模板.det"作为当前图形文件,并执行【全部缩放】命令,将图形界限最大化地显示在绘图区域中,按图示线型设置图层。

2) 选择【矩形】命令(rectang)。命令行提示如下:
指定第一个角点或[倒角(C)/标高(E)/圆角(F)/厚度(T)/宽度(W)]: //指定点 A。
指定另一角点或[尺寸(D)]:@97,15✓ //指定点 B。

3) 选择【直线】命令(line)。命令行提示如下:
指定第一点:键入 from(捕捉自)✓ 基点: //捕捉矩形左上角点。
<偏移>:@8,0✓ //指定点 C。
指定下一点或[放弃(U)]:@0,48✓ //指定点 D。
指定下一点或[放弃(U)]:@40.5,0✓ //指定点 E。
指定下一点或[闭合 C/放弃(U)]:✓ //结束直线命令。
重复【直线】命令,绘制矩形的对称线(捕捉矩形底边的中点)。

4) 选择【偏移】命令(offset)。命令行提示如下:
当前设置:删除源=否 图层=源 OFFSETGAYPE=0
指定偏移距离或[通过(T)/删除(E)/图层(L)]<通过>:15✓ //指定小圆的圆心。
选择要偏移的对象或[退出(E)/放弃(U)]<退出>: //选择直线 L。
指定要偏移的那一侧上的点或[退出(E)/多个(M)/放弃(U)]<退出>: //单击直线 L 右侧。
用相同的方法向下偏移直线 M15、24。

5) 选择【圆】命令(circle)。命令行提示如下:
指定圆的圆心或[三点(3P)/两点(2P)/相切、相切、半径(T)]: //捕捉对称线与矩形下边的交点。
指定圆的半径或[直径(D)]:22✓ //绘制 R22 的圆。
重复【圆】命令,用相同方法绘制 R12、R8、R12 的圆,并绘制圆的切线,如图 6-2a 所示。

6) 选择【修剪】命令(trim)。命令行提示如下:
选择修剪边:选择对象或<全部选择> //选择图 6-2a 中的矩形和偏移的 24 线段,并按<Enter>键。
选择要修剪的对象,或按住<Shift>键选择要延伸的对象,或[栏选(F)/窗交(C)/投影(P)/边(E)/删除(R)/放弃(U)]: //单击 R12 的上半圆和 R22、R12 的下半圆,并按<Enter>键。

7) 使用夹点编辑中心线。选择圆的中心线,呈夹点显示,再单击端点使夹点变为红色,按住鼠标左键拉伸或缩短中心线,使其符合制图要求,最后选择"中心线层",将其转换为中心线,按<Enter>键。

8) 选择【圆角】命令(fillet)。命令行提示如下:
当前设置:模式=修剪,半径=0.0000
选择第一个对象或[放弃(U)/多段线(P)/半径(R)/修剪(T)/多个(M)]:r✓

指定圆角半径<0.0000>：15 ↙

选择第一个对象或［放弃（U）/多段线（P）/半径（R）/修剪（T）/多个（M）］： //单击 L。

选择第二条直线，或按住<Shift>键选择要应用角点的直线： //单击 M，如图 6-2b 所示。

9）选择【镜像】命令（mirror）。命令行提示如下：

选择对象： //选择图 6-2b 中左上直线、切线、圆弧和圆。

指定镜像线的第一点： //选择左右对称线与 R22 圆的交点。

指定镜像线的第二点： //选择左右对称线与 R12 圆的交点。

是否删除源对象［是(Y)/否(N)］:<N>:↙，如图 6-2b 所示。

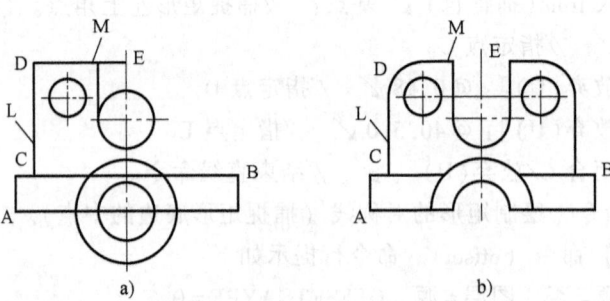

图 6-2 主视图的绘制

二、绘制俯视图

1）选择【矩形】命令。命令行提示如下：

在屏幕下方的对话框中键入 from（捕捉自）↙ 基点： //捕捉主视图中的点 A。

在窗口的【偏移】浮动对话框中根据提示输入@0，-30↙： //指定点 F。

在【偏移】浮动对话框中根据提示输入@97，-30↙： //指定矩形另一角点 G。

2）将"细实线"层设置为当前层，选择【构造线】命令，绘制图 6-3 所示的构造线。

3）切换至"轮廓线"层，选择【直线】命令，根据三视图"长对正"的原理和图 6-1 所示尺寸及辅助线的交点绘制俯视图的可见轮廓线；切换至"虚线"层，绘制虚线；选择【镜像】命令，完成俯视图右侧轮廓线的绘制。

4）选择【倒角】命令（chamfer）。命令行提示如下：

(【修剪】模式)当前倒角距离 1＝0.0000,距离 2＝0.0000

选择第一条直线或［放弃（U）/多段线（P）/距离（D）/角度（A）/修剪（T）/方式（E/多个（M）］：

键入 d↙ //指定倒角的距离。

指定第一个倒角距离<0.0000>:3 ↙

指定第二个倒角距离<3.0000>:3 ↙

选择第一条直线或［放弃（U）/多段线（P）/距离（D）/角度（A）/修剪（T）/方式（E/多个（M）］： //选择直线 H。

选择第二条直线，或按住<Shift>键选择要应用角点的直线： //选择直线 N。

5）选择【直线】命令，绘制俯视图上的倒角线；选择【圆】命令，绘制主视图上的倒圆并进行修剪，如图 6-3 所示。

三、绘制左视图

1）将"细实线"层设置为当前图层,选择【射线】命令(ray)。命令行提示如下:

指定起点: //捕捉主视图的左下角点作为射线的起点。

指定通过点:@ 10<-45↙(长度任选) //指定 45°射线。

指定通过点:↙ //结束【射线】命令。

2）重复【射线】命令,绘制主视图和俯视图上的射线。

3）切换至"轮廓线"层,选择【直线】命令,绘制左视图上的可见轮廓线;切换至"虚线"层,绘制不可见轮廓线,如图 6-4 所示。

4）删除射线,如图 6-5 所示。

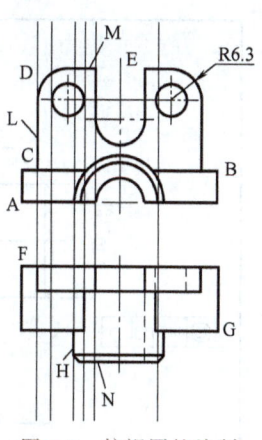

图 6-3 俯视图的绘制

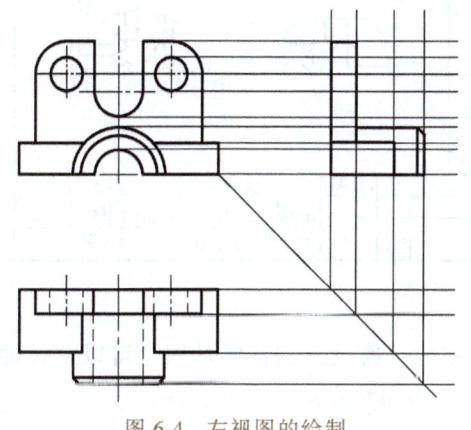

图 6-4 左视图的绘制

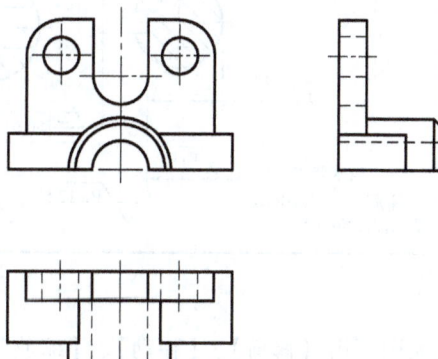

图 6-5 删除射线后的图形

四、标注组合体的尺寸

1）选择【线性】标注,标注尺寸"81""51""24""33""15""63""12""97""30""45"。

2）选择【直径】标注,标注尺寸"φ16"。

3）选择【半径】标注,标注尺寸"R12""R22"和"R12"。

4）选择【引线】标注,标注尺寸"C3"。

5）编辑标注和编辑标注文字,最终效果如图 6-1 所示。

任务二　绘制轴套类零件图

下面以图 6-6 为例来介绍轴套类零件图的绘制方法。

图 6-6 所示轴零件图由一个主视图、两个断面图和两个局部放大图组成。轴上有销孔、退刀槽、键槽、倒角、圆角、螺纹等结构。绘制该图时,主视图可用【直线】、【延伸】或【夹点拉伸】等命令完成,两个断面图可用【圆】、【修剪】、【图案填充】等命令完成,局

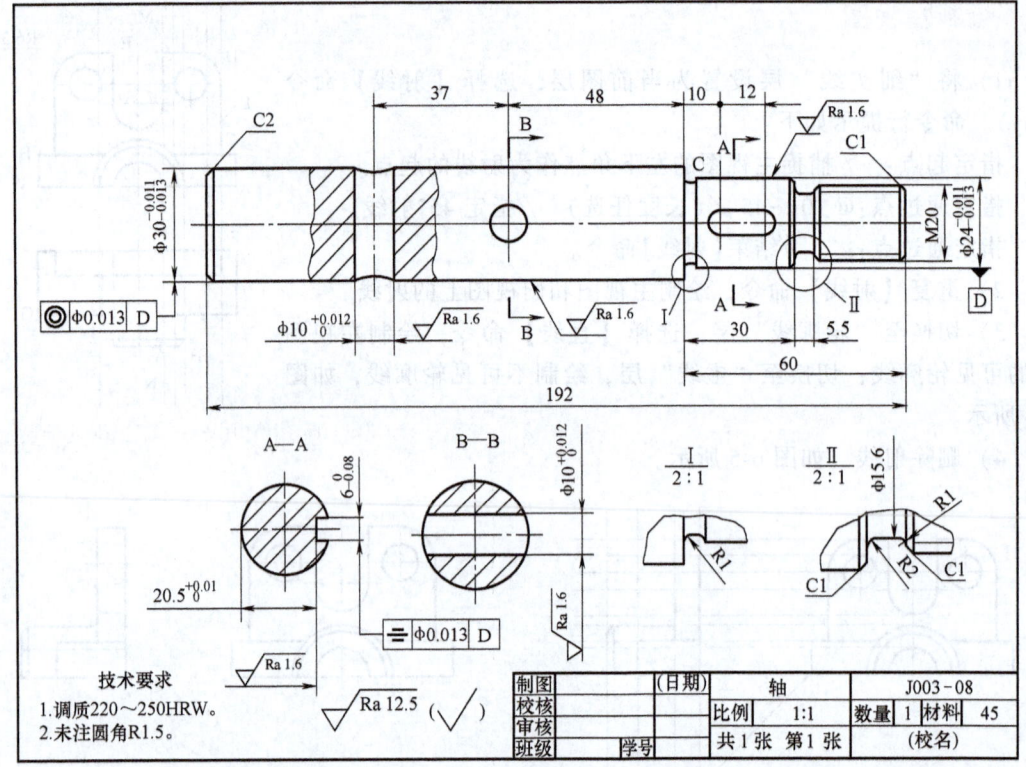

图 6-6 轴零件图

部放大图可用【修剪】、【移动】、【缩放】等命令完成。通过绘制该零件图,可以掌握轴套类零件图的组成特点和绘制方法,熟悉尺寸、公差、表面粗糙度的标注方法。

一、建立文件

1. 新建图形文件

1)在文件夹中双击已保存的"A3图形样板"文件。

2)执行【新建】命令,打开【选择样板】对话框,双击"A3图形样板"文件。

2. 保存图形文件

执行【保存】命令,输入新建图形的名称为"图 6-6 轴零件图"。

二、绘制图形

1. 草图设置

开启【正交】、【对象捕捉】、【对象追踪】、【动态输入】等辅助绘图功能,设置常用对象捕捉方式。

2. 绘制主视图

轴类零件的主视图是对称的线性结构,可先画出主视图的上半部分,然后执行【镜像】命令,复制出轴的下半部分,绘图过程中应注意切换图层。具体绘图步骤如下:

第1步:选择"中心线"图层,执行【直线】命令,绘制水平中心线,长度为200。

第2步：选择"粗实线"图层，执行【直线】命令，利用【正交】功能画出轴的上半部分外部轮廓线，如图6-7所示。

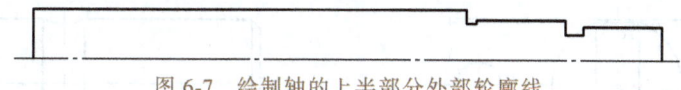

图6-7　绘制轴的上半部分外部轮廓线

第3步：执行【倒角】命令绘制轴端倒角，执行【圆角】命令绘制轴肩圆角，如图6-8所示。

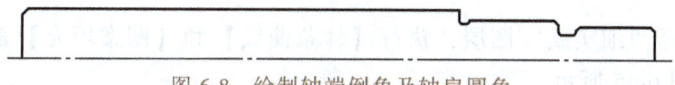

图6-8　绘制轴端倒角及轴肩圆角

第4步：执行【延伸】命令或【夹点拉伸】命令延伸已有直线，执行【直线】命令连接其他直线，如图6-9所示。

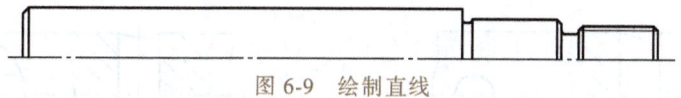

图6-9　绘制直线

第5步：执行【镜像】命令镜像图形，如图6-10所示。

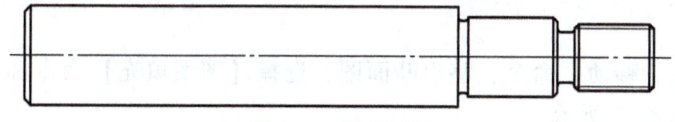

图6-10　镜像图形

第6步：执行【圆】和【直线】命令，利用【对象追踪】、【正交】等功能绘制键槽及水平销孔，如图6-11所示。

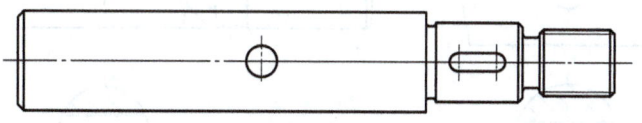

图6-11　绘制键槽及水平销孔

第7步：执行【直线】命令，绘制垂直销孔的投射线，如图6-12所示。

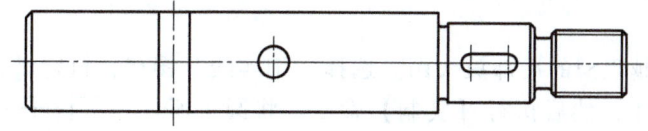

图6-12　绘制垂直销孔的投射线

第8步：绘制相贯线。执行【圆】命令，以垂直销孔中心线与轴中心线的交点为圆心绘制圆，圆与销孔的投射线交于点A，通过点A绘制水平构造线；执行【圆弧】命令，利用【三点】方式绘制圆弧，该圆弧即为垂直销孔与轴的相贯线，如图6-13所示。

第9步：执行【删除】命令，删除辅助线；执行【修剪】命令，修剪图形；执行【镜像】命令，镜像相贯线，如图6-14所示。

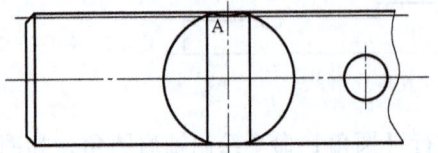

图6-13 绘制相贯线

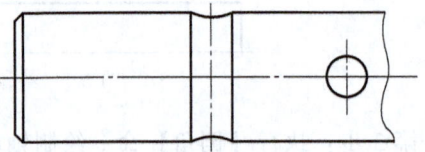

图6-14 修剪、镜像相贯线

第10步：选择"细实线"图层，执行【样条曲线】和【图案填充】命令，绘制样条曲线和剖面线，如图6-15所示。

3. 绘制其他视图

第1步：绘制水平销孔的断面图。选择"粗实线"图层，执行【圆】和【直线】命令，绘制销孔的断面图，如图6-16所示。

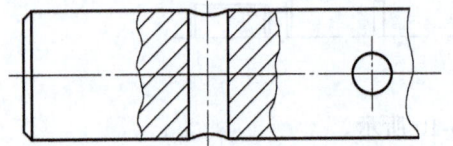

图6-15 绘制样条曲线和剖面线

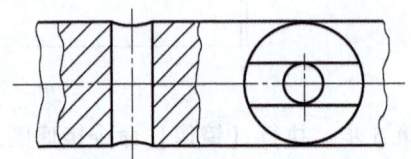

图6-16 绘制销孔的断面图

第2步：执行【移动】命令，移出断面图，选择【图案填充】命令和"剖面线"图层，填充剖面线，如图6-17所示。

第3步：用同样的方法绘制键槽的断面图，如图6-18所示。

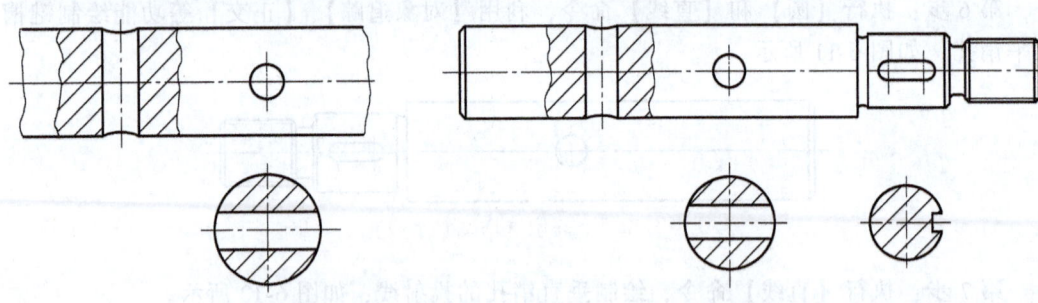

图6-17 移出销孔断面图和填充剖面线　　　　图6-18 绘制键槽的断面图

第4步：绘制越程槽的局部放大图。选择"细实线"图层，执行【圆】命令，在越程槽部位绘制一个圆Ⅰ，然后执行【复制】命令，将圆Ⅰ所指的图形复制到主视图的下方，如图6-19所示。

第5步：执行【删除】命令，删除下方的圆；执行【修剪】命令，修剪图形；执行【缩放】命令，将图形放大两倍；执行【样条曲线】命令，绘制样条曲线，如图6-20所示。

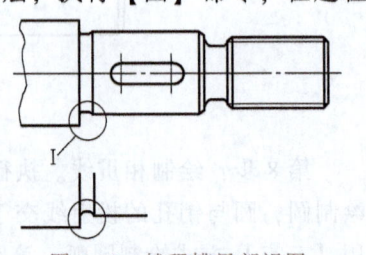

图6-19 越程槽局部视图

第 6 步：用同样的方法绘制退刀槽的局部放大图，如图 6-21 所示。

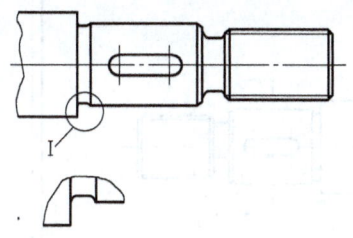

图 6-20　越程槽局部放大图

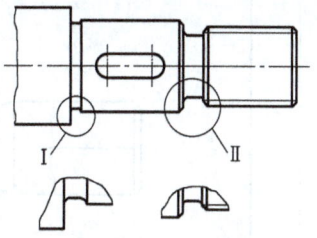

图 6-21　退刀槽局部放大图

第 7 步：执行【多段线】命令，绘制剖切符号。执行【多段线】命令的方法如下：
- 工具栏：单击【多段线】按钮 。
- 菜单栏：单击【绘图】|【多段线】。
- 命令行：PLINE↙或 PL↙。

执行【多段线】命令后，命令行提示如下：
指定起点：　　//在绘图窗口的适当位置拾取点 A。
指定下一点或[圆弧(A)/半宽(H)/长度(L)/放弃(U)/宽度(W)]:5↙
　　　　　　　　　　　　　　　　　　　　//输入 AB 的长度值并确认。
指定下一点或[圆弧(A)/半宽(H)/长度(L)/放弃(U)/宽度(W)]:4↙
　　　　　　　　　　　　　　　　　　　　//输入 BC 的长度值并确认。
指定下一点或[圆弧(A)/半宽(H)/长度(L)/放弃(U)/宽度(W)]:W↙
　　　　　　　　　　　　　　　　　　　　//输入命令"W"并确认。
指定起点宽度<0.0000>:1↙　　//输入起点宽度并确认。
指定端点宽度<1.0000>:0↙　　//输入端点宽度并确认。
指定下一个点或[圆弧(A)/半宽(H)/长度(L)/放弃(U)/宽度(W)]:3.5↙
　　　　　　　　　　　　　　　　　　　　//输入 CD 的长度值并确认。
所得图形如图 6-22 所示。

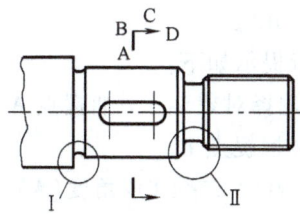

图 6-22　绘制剖切符号

第 8 步：用同样的方法绘制水平销孔的剖切符号。

第 9 步：删除多余的线，修改线型，调整中心线的长度，执行【移动】命令来调整视图布局，留够标注尺寸的空间。

所得图形如图 6-23 所示。

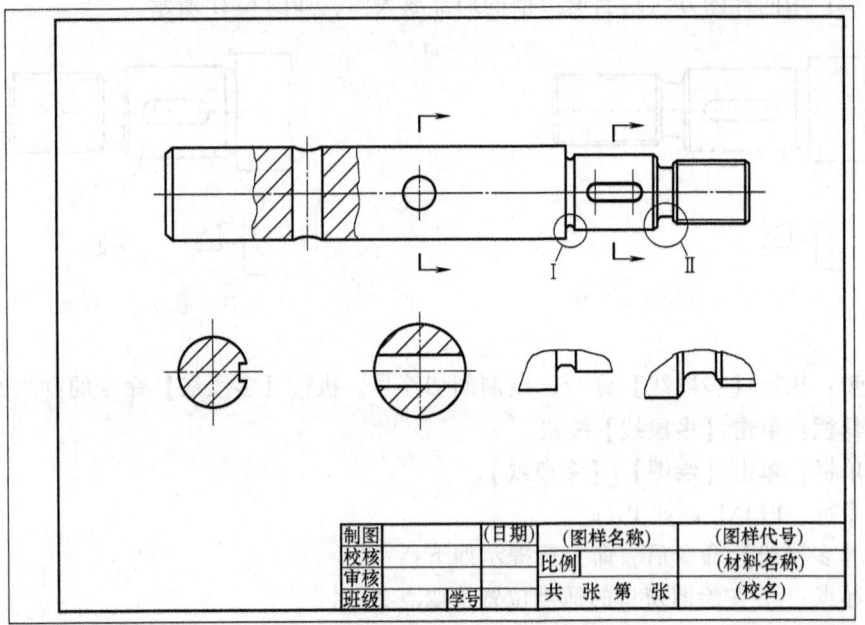

图 6-23 调整后的图形

4. 标注不带直径符号"φ"的线性尺寸

第 1 步：打开【标注】工具栏，在任意一个工具栏上单击鼠标右键，在弹出的快捷菜单中选择【标注】菜单项，打开【标注】工具栏，将【标注】工具栏拖动到适当的位置。

第 2 步：单击【标注样式】列表框后的下拉按钮，选择【线性标注】，如图 6-24 所示。

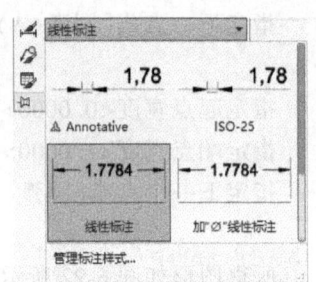

图 6-24 【线性标注】对话框

第 3 步：选择"标注线"图层，标注线性尺寸"12"。

执行【线性】命令的方法如下：

- 功能区/工具栏：单击【线性】按钮。
- 菜单栏：单击【标注】|【线性】。
- 命令行：DIMLINEAR↙ 或 DLI↙。

执行【线性】命令后，命令行提示如下：

指定第一条尺寸界线原点或<选择对象>：　//捕捉点 A。

指定第二条尺寸界线原点：　//捕捉点 B。

指定尺寸线位置或［多行文字(M)/文字(T)/角度(A)/水平(H)/垂直(V)/旋转(R)］：
　　　　　　　　　　　　　　　　　　　//光标选择放置尺寸线的位置。

第 4 步：标注线性尺寸"10""48""37"。

执行【连续】命令的方法如下：

- 功能区/工具栏：单击【连续】按钮。
- 菜单栏：单击【标注】|【连续】。
- 命令行：DIMCONTINUE↙ 或 DCO↙。

执行【连续】命令后，命令行提示如下：

指定第二个尺寸界线原点或[放弃(U)/选择(S)]<选择>：　//捕捉点 C。
指定第二个尺寸界线原点或[放弃(U)/选择(S)]<选择>：　//捕捉点 D。
指定第二个尺寸界线原点或[放弃(U)/选择(S)]<选择>：　//捕捉点 E。
指定第二个尺寸界线原点或[放弃(U)/选择(S)]<选择>：　//按空格键，退出。
第 5 步：用同样的方法标注线性尺寸 "5.5" "30"。所得图形如图 6-25 所示。

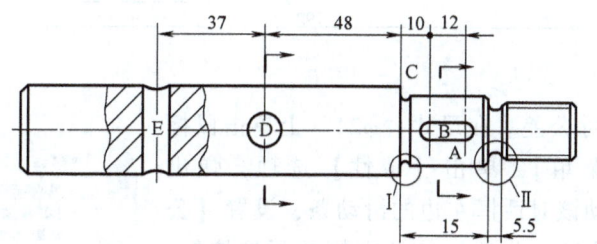

图 6-25　标注不带"φ"线性尺寸（一）

第 6 步：执行【线性】命令，标注线性尺寸 "60"。
第 7 步：标注线性尺寸 "192"。
执行【基线】命令的方法如下：
- 功能区/工具栏：单击【基线】按钮。
- 菜单栏：单击【标注】|【基线】。
- 命令行：DIMBASELINE ↙ 或 DBA ↙。

执行【基线】命令后，命令行提示如下：
指定第二条尺寸界线原点或[放弃(U)/选择(S)]<选择>：　//捕捉点 G。
指定第二条尺寸界线原点或[放弃(U)/选择(S)]<选择>：　//按空格键，确认。
选择基准标注：　　　　　　　　　　　　　　　　　　　//按空格键，退出。
所得图形如图 6-26 所示。

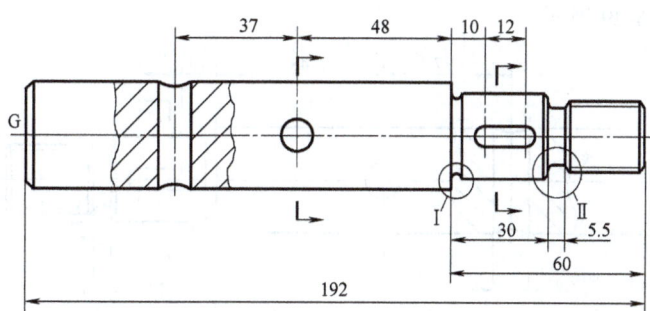

图 6-26　标注不带"φ"线性尺寸（二）

5. 标注带直径符号"φ"的线性尺寸及公差

第 1 步：单击【标注样式】列表框后的下拉按钮，选择【加"φ"线性标注】。
第 2 步：单击【线性】按钮，标注加"φ"的线性尺寸"φ24""φ20""φ30""φ10"。
所得图形如图 6-27 所示。

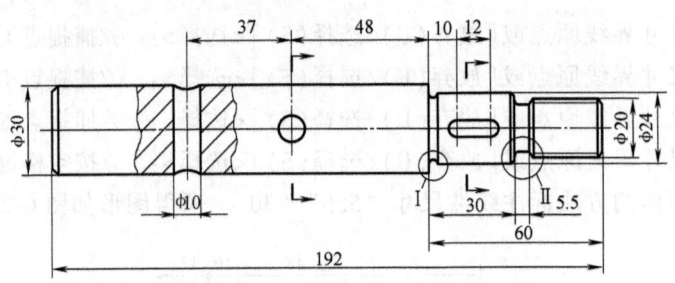

图 6-27 标注加"φ"线性尺寸

第 3 步：标注尺寸公差。在尺寸"φ24"上单击鼠标右键，弹出【快捷菜单】，单击【特性】选项，弹出【特性】对话框；拖动该对话框左边的滑动条，设置【公差】选项卡，单击【显示公差】按钮右侧的下拉按钮，选择【极限偏差】，在【公差下偏差】文本框中输入"0.013"，在【公差上偏差】文本框中输入"-0.011"；单击【水平放置公差】按钮右侧的下拉按钮，选择"下"，在【公差文字高度】文本框中输入"0.6"；单击【特性】对话框上面的【关闭】按钮，如图 6-28 所示。

注意：系统默认公差上偏差为正、公差下偏差为负。

第 4 步：特性匹配。单击【特性】面板中的【特性匹配】按钮，命令行提示如下：

选择源对象：//选择尺寸"$\phi 24^{+0.011}_{-0.013}$"。

选择目标对象或[设置(S)]：//选择尺寸"φ30"。

选择目标对象或[设置(S)]：//选择尺寸"φ10"。

选择目标对象或[设置(S)]：↙ //确认，退出。

所得图形如图 6-29 所示。

图 6-28 【特性】对话框

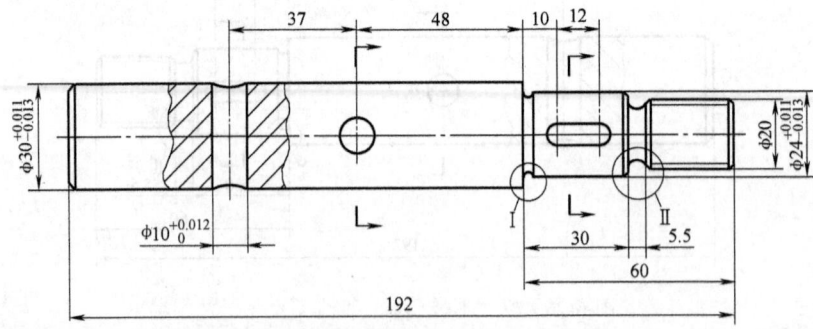

图 6-29 标注尺寸公差

第 5 步：在尺寸"$\phi 10^{+0.012}_{0}$"上单击鼠标右键，单击【特性】选项，系统弹出【特性】对话框；拖动该对话框左边的滑动条，设置【公差】选项卡，在【公差下偏差】文本框中输入"0"，在【公差上偏差】文本框中输入"0.012"；单击【特性】对话框上面的【关闭】按钮。

项目六　绘制常见零件三视图并标注尺寸

第6步：标注尺寸"M20"。在尺寸"φ20"上单击鼠标右键，单击【特性】选项，系统弹出【特性】对话框；拖动该对话框左边的滑动条，设置【主单位】选项卡，将【标注前缀】文本框中的"%%C"改为"M"；单击【特性】对话框上面的【关闭】按钮。所得图形如图6-30所示。

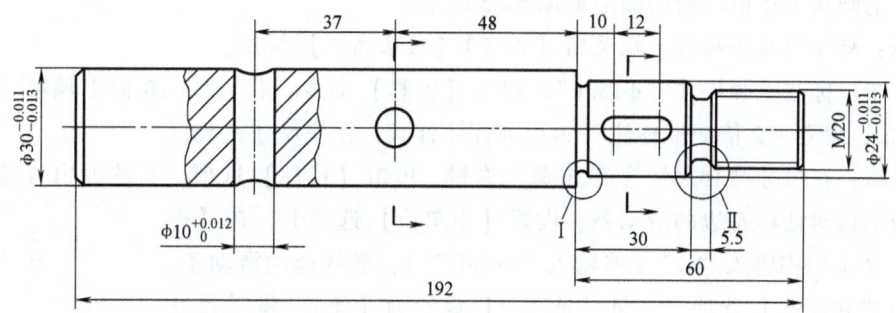

图6-30　修改尺寸公差和标注"M20"

6. 标注键槽断面图及水平销孔断面图中的尺寸

第1步：单击【线性】按钮，标注键槽断面图中的尺寸及公差。

第2步：单击【线性】按钮，标注水平销孔断面图中的尺寸及公差。

所得图形如图6-31所示。

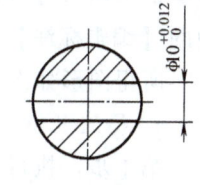

图6-31　标注断面图中的尺寸及公差

7. 标注局部放大图中的尺寸

第1步：创建标注样式。局部放大图的绘图比例为2∶1，因此，需要建立一种2倍线性标注样式，具体步骤如下：

① 执行【标注样式】命令，执行【新建】命令，在【新样式名】文本框中输入标注样式名称"2倍线性标注"，基础样式为"线性标注"；单击【继续】按钮，系统弹出【新建标注样式：2倍线性标注】对话框，选择【主单位】选项卡，将比例因子设置为【0.5】，如图6-32所示。

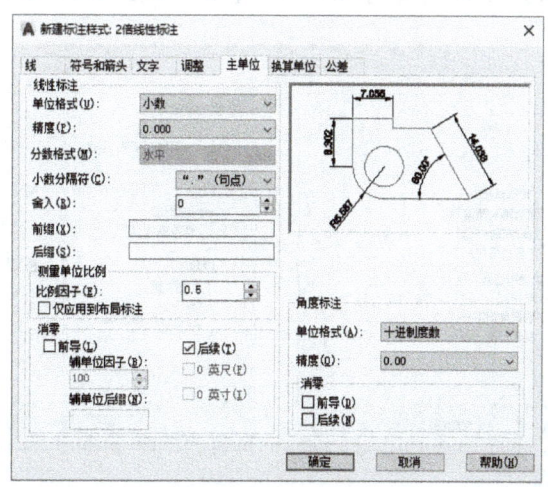

图6-32　设置比例因子

77

② 单击【确定】按钮，单击【标注样式管理器】对话框中的【置为当前】按钮，单击【关闭】按钮。

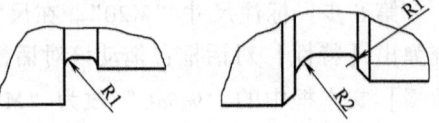

图 6-33 标注局部放大图中的尺寸

第 2 步：单击【半径】标注按钮，标注局部放大图中的圆角半径值。所得图形如图 6-33 所示。

提示：标注圆角半径时，应关闭【正交】【对象捕捉】按钮。

第 3 步：标注直径尺寸"φ15.6"。执行【偏移】命令，将直线 AB 向上偏移 31.2，得到直线 CD；设置"2 倍线性标注"为当前标注样式，标注尺寸"15.6"。

第 4 步：在尺寸"15.6"上单击鼠标右键，单击【特性】选项，系统弹出【特性】对话框；拖动该对话框左边的滑动条，设置【主单位】选项卡，在【标注前缀】文本框中输入"φ"（即输入"%%C"）；继续拖动滑动条，设置【直线和箭头】选项卡，将【箭头 2】设置为【无】，将【尺寸线 2】设置为【关】，将【尺寸界线 2】设置为【关】；单击【特性】对话框上面的【关闭】按钮 ✖；删除直线 CD，单击【标注】工具栏中的【编辑标注】按钮，调整尺寸文本的位置。

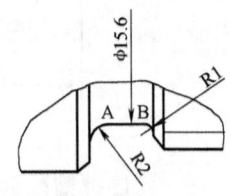

图 6-34 标注直径尺寸"φ15.6"

所得图形如图 6-34 所示。

8. 标注倒角、几何公差、表面粗糙度

第 1 步：执行【快速引线】命令，标注倒角。

① 执行【快速引线】命令的方法如下：

命令行：LE↙。

执行【快速引线】命令后，命令行提示如下：

指定第一个引线点或[设置(S)]<设置>:↙ //按空格键，确认设置。

② 系统弹出【引线设置】对话框，选择【注释】选项卡，在【注释类型】列表中，选中【多行文字】单选项，如图 6-35 所示。

③ 选择【引线和箭头】选项卡，在【箭头】列表中，选择【无】选项；在【角度约束】列表中，【第一段】选择【45°】选项，【第二段】选择【水平】选项，如图 6-36 所示。

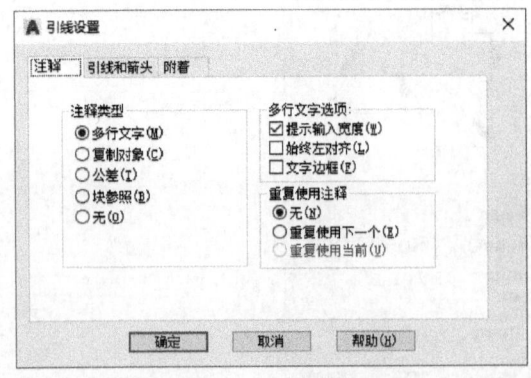

图 6-35 【注释】选项卡

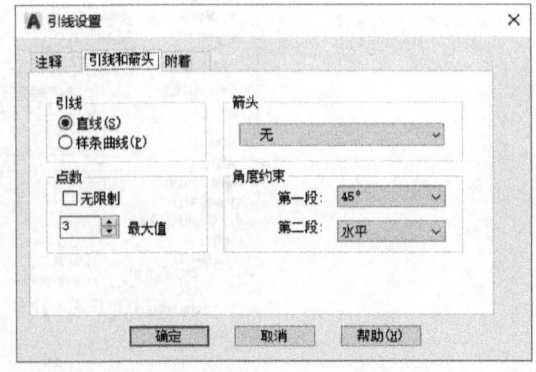

图 6-36 【引线和箭头】选项卡

项目六 绘制常见零件三视图并标注尺寸

④ 选择【附着】选项卡,选中【最后一行加下划线】复选框,如图6-37所示。

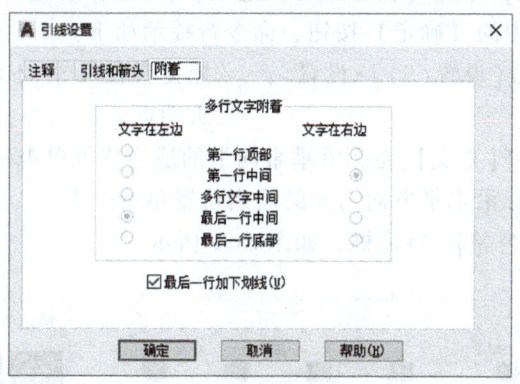

图6-37 【附着】选项卡

⑤ 单击【引线设置】对话框中的【确定】按钮,命令行提示如下:
指定第一个引线点或[设置(S)]<设置>: //捕捉点C。
指定下一点: //关闭【正交】,光标沿45°方向的适当位置单击一点。
指定下一点:2↙ //打开【正交】,光标沿水平方向向左移动,输入"2"并确认。
指定文字宽度<0>:↙ //按空格键,确认。
输入注释文字的第一行<多行文字(M)>:C1↙ //输入"C1"并确认。
输入注释文字的下一行:↙ //按<Enter>键,退出。
用同样的方法标注其余倒角,所得图形如图6-38所示。

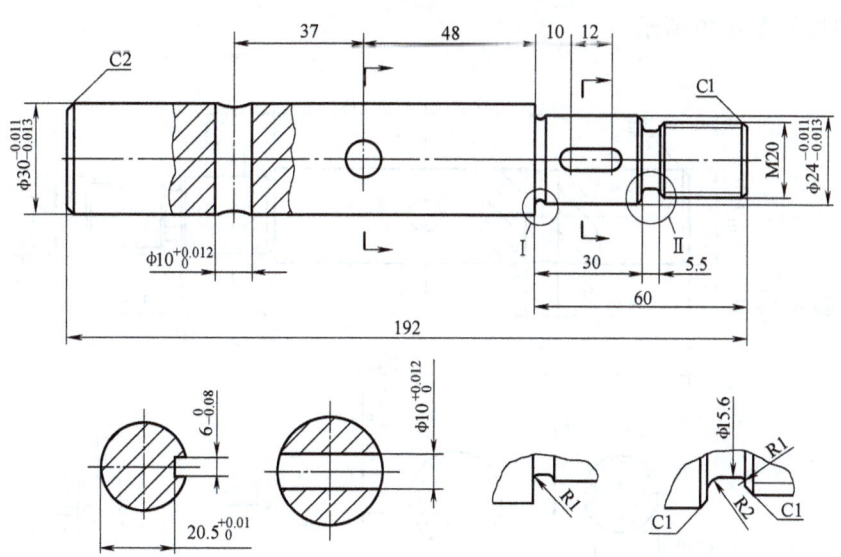

图6-38 标注倒角

第2步:在直径尺寸"$\phi24_{-0.013}^{-0.011}$"的下方对齐位置插入基准代号。
第3步:标注几何公差。
① 执行【快速引线】命令,系统弹出【引线设置】对话框,选择【注释】选项卡,在【注释类型】列表中选择【公差】选项。

② 选择【引线和箭头】选项卡，在【箭头】列表中选择【实心闭合】选项；在【角度约束】列表中，【第一段】选择【任意角度】选项，【第二段】选择【任意角度】选项。单击【引线设置】对话框中的【确定】按钮，命令行提示如下：

  指定第一个引线点或［设置（S）］＜设置＞：　//捕捉直径尺寸"$\phi30_{-0.013}^{-0.011}$"下方对齐位置箭头端点。

  指定下一点：　//打开【正交】，光标沿垂直向下的适当位置单击一点。

  指定下一点：　//光标沿水平方向向左的适当位置单击一点。

③ 系统弹出【形位公差】[⊖]对话框，如图 6-39 所示。

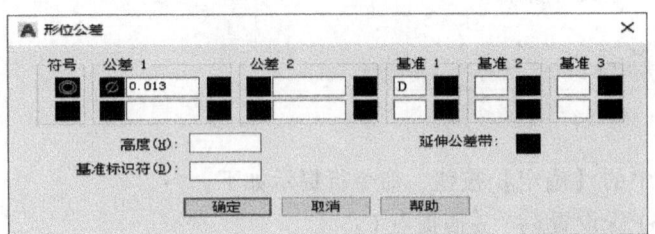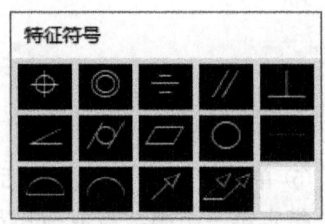

图 6-39 【形位公差】对话框

④ 单击【符号】下面的黑色方块，弹出【特征符号】选择框，单击【同轴度】按钮◎；单击【公差1】下面的黑色方块，弹出符号"φ"，输入公差值"0.013"；在【基准1】下面的文本框内输入基准代号"D"；单击【形位公差】对话框中的【确定】按钮。

所得图形如图 6-40 所示。

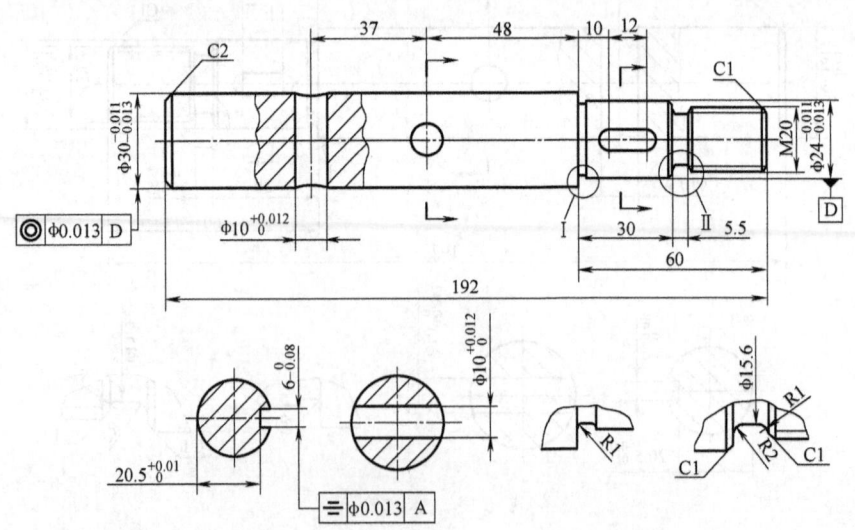

图 6-40 标注几何公差

⊖ 国家标准中"形位公差"一词已更新为"几何公差"。

第4步：标注表面粗糙度。所得图形如图 6-41 所示。

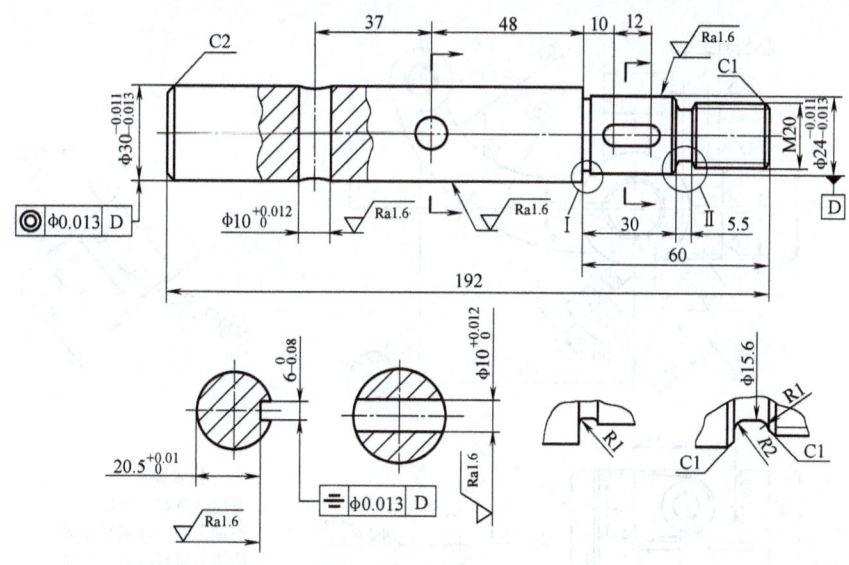

图 6-41 标注表面粗糙度

9. 调整视图、填写文字

第1步：删除多余的线，将中心线调整为合适的长度，调整视图的位置。

第2步：执行【多行文字】命令，填写技术要求、标题栏，输入断面图的代号等。

提示：输入符号 $\dfrac{\mathrm{I}}{2:1}$ 时，先输入"Ⅰ/2∶1"，然后选择"Ⅰ/2∶1"，并单击【文字格式】对话框中的【堆叠】按钮 。

10. 保存图形

完成轴零件图的绘制，如图 6-6 所示。

任务三　绘制叉架类零件图

下面以图 6-42 为例来介绍叉架类零件图的绘制方法。

图 6-42 所示的拨叉零件图是由一个主视图、一个俯视图、一个斜视图和一个移出断面图组成的。该零件上加工有孔、倒角、圆角、螺纹等。拨叉的主视图、俯视图可用【直线】、【圆】、【偏移】等命令完成，移出断面图可用【椭圆】、【图案填充】等命令完成，斜视图可用【直线】、【圆】、【偏移】、【修剪】、【旋转】等命令完成。通过绘制该零件图，可掌握拨叉类零件图的组成特点和绘制方法，熟悉尺寸、公差、表面粗糙度的标注方法。

一、建立文件

1. 新建图形文件

- 在文件夹中双击已保存的"A2 图形样板"文件。

计算机绘图

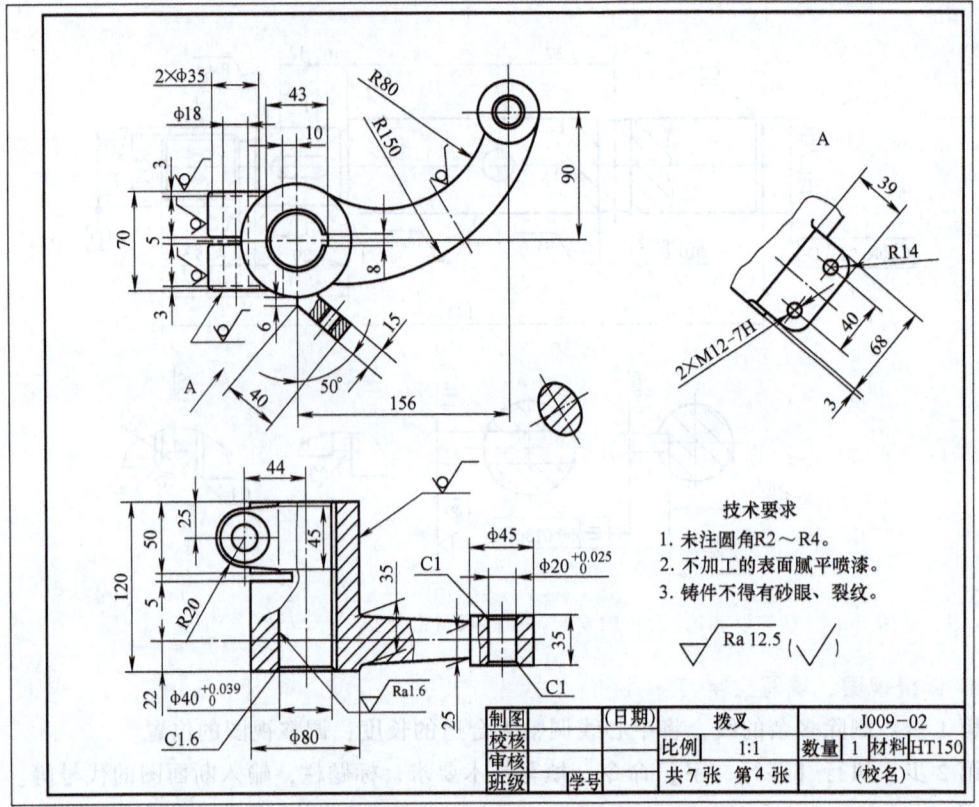

图 6-42 拨叉零件图

- 执行【新建】命令，打开【选择样板】对话框，双击"A2 图形样板"文件。

2．保存图形文件

执行【保存】命令，输入新建图形的名称"图 6-42 拨叉零件图"。

二、绘制图形

1．草图设置

开启【正交】、【对象捕捉】、【对象追踪】、【动态输入】等辅助绘图功能，设置常用对象捕捉方式。

2．绘制圆柱和孔

第 1 步：绘制圆柱的轮廓线。

① 选择【中心线】图层，执行【直线】命令，绘制中心线。

② 选择【粗实线】图层，执行【圆】命令，绘制主视图轮廓线。

③ 执行【矩形】命令，绘制俯视图轮廓线；分解矩形，所得图形如图 6-43 所示。

第 2 步：绘制孔的轮廓线。

① 执行【圆】、【偏移】、【修剪】命令，绘制主视图轮廓线。

② 执行【直线】命令，利用【对象追踪】功能，绘制俯视图轮廓线。

③ 执行【倒角】命令，绘制倒角"C1.6"，所得图形如图 6-44 所示。

图 6-43　绘制圆柱　　　　　　　　图 6-44　绘制孔

3. 绘制右面的凸台

第 1 步：绘制中心线。

① 选择【中心线】图层，打开【极轴追踪】，设置【增量角】为"30°"，执行【直线】命令，绘制中心线 OA、OB。

② 执行【复制】或【偏移】命令，复制中心线 OB，得到中心线 CD。

③ 执行【直线】命令，绘制中心线 AG、EF，所得图形如图 6-45 所示。

第 2 步：绘制凸台轮廓线。

① 选择【粗实线】图层，执行【圆】命令，绘制主视图轮廓线。

② 执行【矩形】、【直线】、【偏移】命令，绘制俯视图轮廓线，分解矩形。

③ 执行【倒角】命令，绘制倒角"C1"，所得图形如图 6-46 所示。

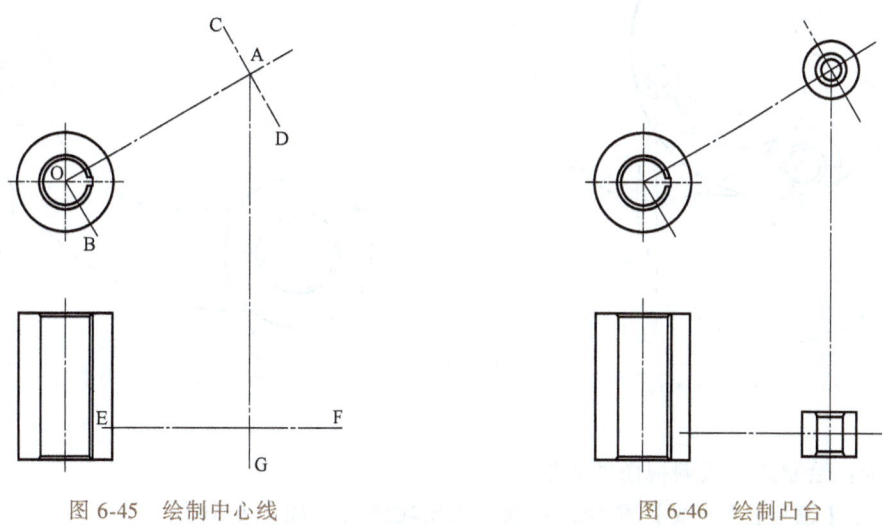

图 6-45　绘制中心线　　　　　　　　图 6-46　绘制凸台

4. 绘制连接板

第 1 步：绘制主视图中半径为 80 的圆弧。

① 已知圆弧 R80 与圆 φ80 相切，可根据 φ80 圆的圆心 O_1（已知）绘制 R80 圆弧的坐

标轨迹,该轨迹是 R120 的圆。另外,已知 R80 的圆弧通过点 A,过点 A 绘制 R80 的圆,通过两个辅助圆的交点 O_3 绘制 R80 的圆弧,所得图形如图 6-47 所示。

② 删除辅助圆,执行【修剪】命令,修剪 R80 圆弧,所得图形如图 6-48 所示。

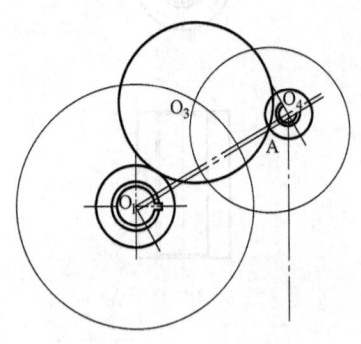

图 6-47 绘制 R80 圆弧

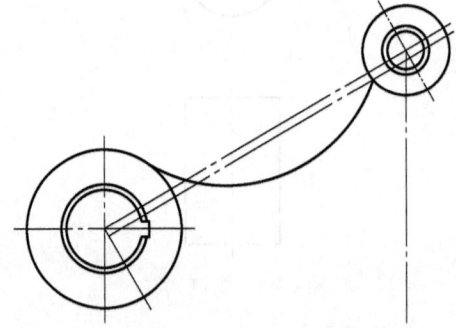

图 6-48 修剪 R80 圆弧

第 2 步:绘制主视图中的 R150 圆弧。

① 已知圆弧 R150 与圆 φ45 相内切,可根据 φ45 圆的圆心 O_2(已知)绘制 R150 圆弧的坐标轨迹,该轨迹是 R127.5 的圆。另外,已知 R150 的圆弧通过点 B,过点 B 绘制 R150 的圆,通过两个辅助圆的交点 O_4 绘制 R150 的圆弧,所得图形如图 6-49 所示。

② 删除辅助圆,执行【修剪】命令,修剪 R150 圆弧,如图 6-50 所示。

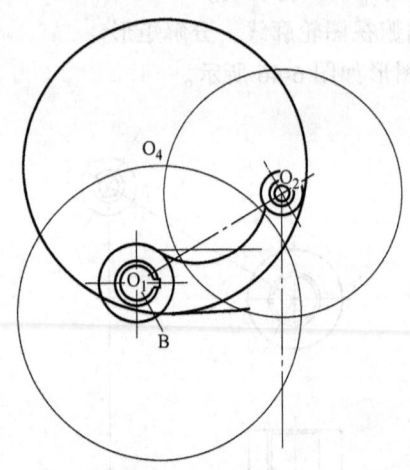

图 6-49 绘制 R150 圆弧

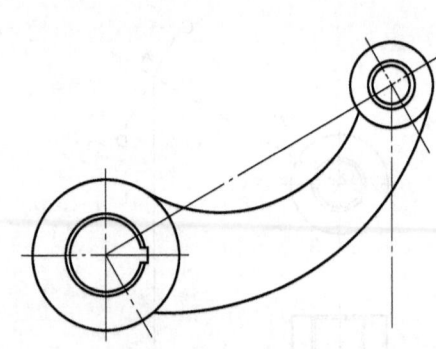

图 6-50 修剪 R150 圆弧

第 3 步:绘制连接板俯视图的轮廓线。

① 执行【偏移】【直线】命令,绘制俯视图轮廓线,如图 6-51 所示。

② 执行【圆角】命令,绘制圆角 R2~R4,如图 6-52 所示。

5. 绘制右面的凸耳

第 1 步:绘制俯视图轮廓线。

① 执行【偏移】、【直线】命令,绘制俯视图中心线。

② 执行【圆】命令,绘制 φ40、φ35、φ18 的圆,如图 6-53 所示。

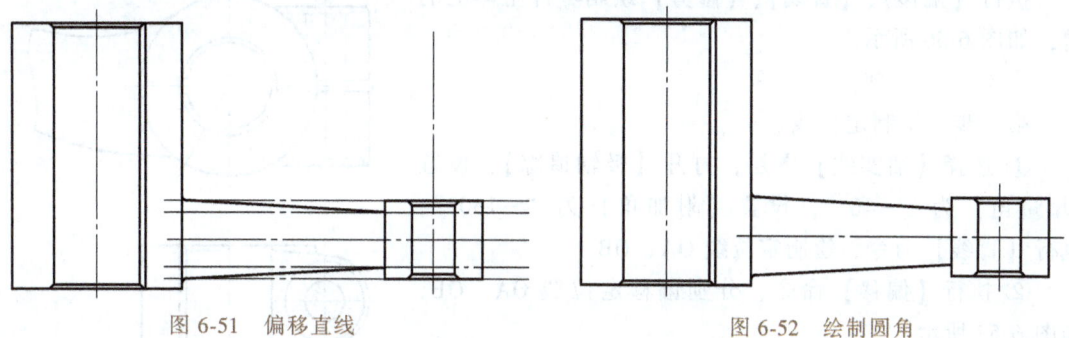

图 6-51 偏移直线　　　　　　　　图 6-52 绘制圆角

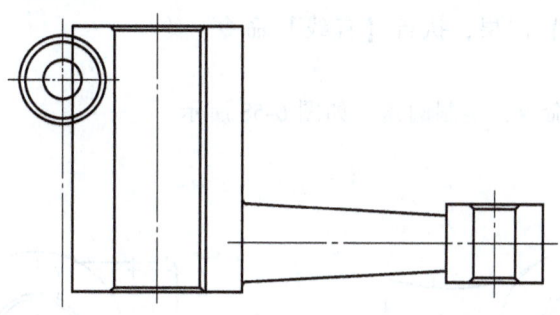

图 6-53 绘制俯视图

第 2 步:绘制主视图轮廓线。

① 执行【偏移】、【直线】命令,利用【对象追踪】功能绘制主视图外轮廓线。

② 选择【虚线】图层,利用【对象追踪】功能绘制主视图内轮廓线,如图 6-54 所示。

第 3 步:完成凸耳主、俯视图。

① 执行【偏移】命令,偏移中心线。

② 执行【直线】命令,绘制切线。

③ 执行【删除】、【修剪】命令,删除辅助线,修剪图形,如图 6-55 所示。

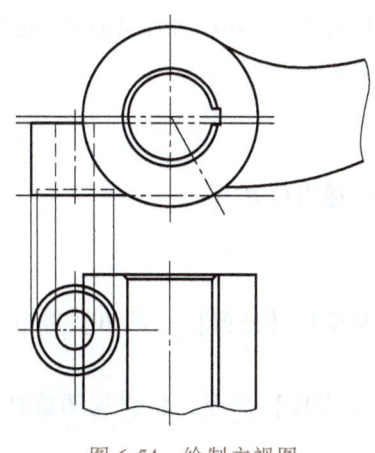 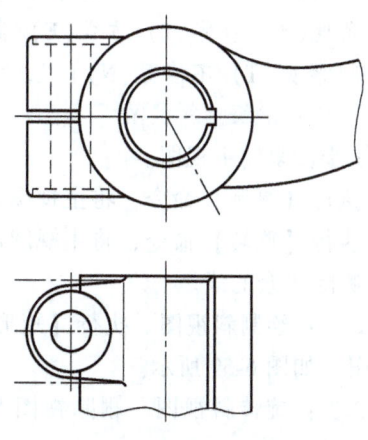

图 6-54 绘制主视图　　　　　　　　图 6-55 修剪图形

6. 绘制零件主体上的槽

执行【偏移】、【直线】、【修剪】绘制零件主体上的槽,如图 6-56 所示。

7. 绘制固定部分主视图

第 1 步:绘制定位线。

① 选择【细实线】图层,打开【极轴追踪】,设置【增量角】为"-40°",设置【附加角】为"-130°",执行【直线】命令,绘制定位线 OA、OB。

② 执行【偏移】命令,分别偏移定位线 OA、OB,如图 6-57 所示。

第 2 步:绘制轮廓线。

① 选择【粗实线】图层,执行【直线】命令,绘制外形轮廓线。

② 执行【圆角】命令,绘制圆角,如图 6-58 所示。

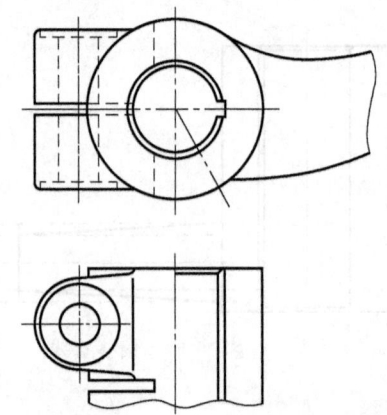

图 6-56 绘制槽

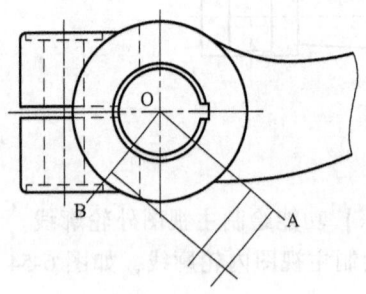

图 6-57 绘制定位线

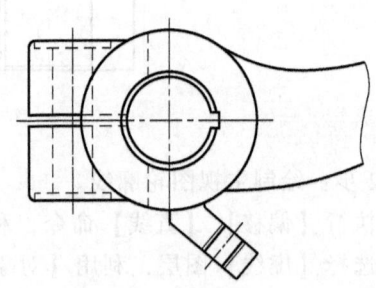

图 6-58 绘制固定部分

提示:绘制圆角过程中,当命令行提示"选择第一个对象或[放弃(U)/多段线(P)/距离(D)/角度(A)/修剪(T)/方式(E)/多个(M)]:"时,输入"T";命令行接着提示"输入修剪模式选项[修剪(T)/不修剪(N)]:",输入"N",执行不修剪。

8. 绘制固定部分斜视图

第 1 步:复制主视图。

① 执行【复制】命令,将主视图复制到绘图窗口的适当位置。

② 执行【旋转】命令,将主视图旋转 40°。

③ 删除多余的线。

第 2 步:绘制斜视图。执行【矩形】、【直线】、【偏移】、【修剪】、【圆角】等命令,绘制斜视图,如图 6-59 所示。

第 3 步:旋转斜视图。删除视图及辅助线,执行【旋转】命令,将斜视图旋转 -40°,如图 6-60 所示。

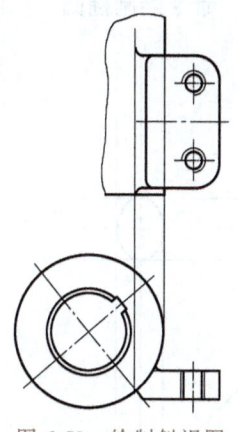

图 6-59 绘制斜视图

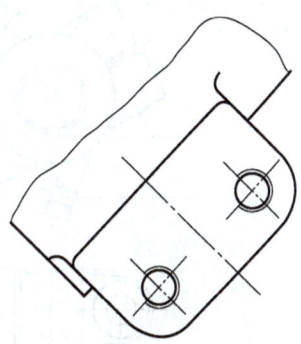

图 6-60 旋转斜视图

9. 绘制移出断面图

第 1 步：复制主视图和俯视图。

① 执行【复制】命令，将主视图和俯视图复制到绘图窗口的适当位置，注意不要与原图发生干涉。

② 执行【旋转】命令，将主视图绕圆心 O_1 旋转 −30°。

③ 执行【移动】命令，将俯视图中凸台的轮廓线移动到和主视图对正的位置。

④ 删除俯视图中连接板的轮廓线，重新绘制，如图 6-61 所示。

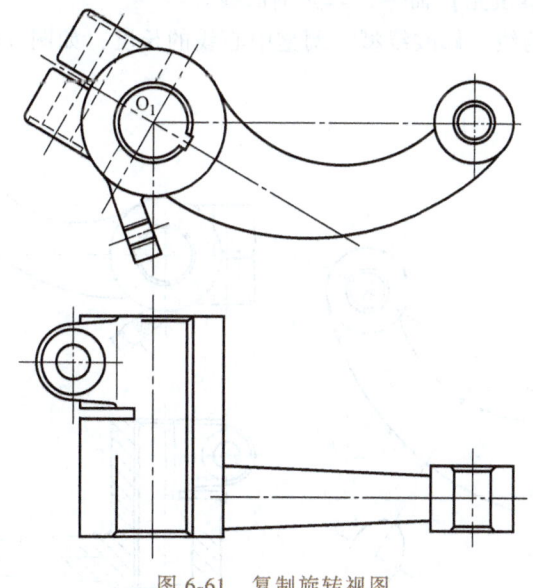

图 6-61 复制旋转视图

第 2 步：绘制中心线。执行【直线】命令，通过点 A 绘制垂直中心线。

第 3 步：绘制构造线。

① 执行【构造线】命令，在绘图窗口的适当位置绘制 −45° 的构造线。

② 执行【构造线】命令，通过交点绘制水平和垂直构造线。

第 4 步：绘制椭圆。执行【椭圆】命令，使用【中心点】命令绘制椭圆，如图 6-62 所示。

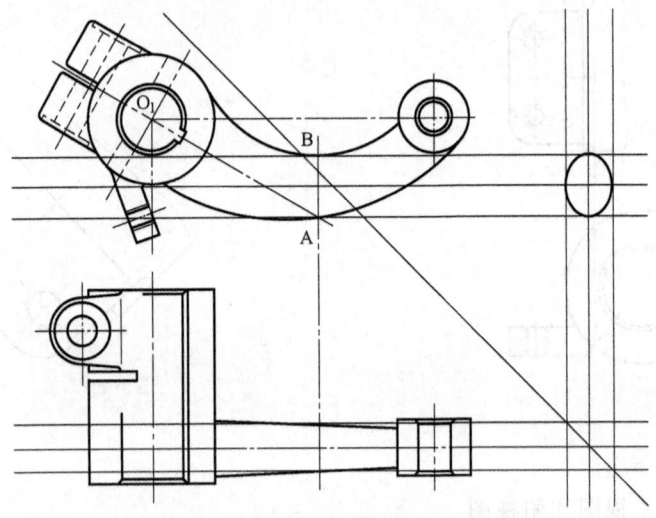

图 6-62 绘制椭圆

第 5 步：旋转椭圆。删除辅助视图及辅助线，执行【旋转】命令，将椭圆旋转 30°；执行【移动】命令，将椭圆移动到适当的位置，如图 6-63 所示。

10. 填充剖面线

第 1 步：执行【样条曲线】命令，绘制样条曲线。

第 2 步：执行【图案填充】命令，填充剖面线。

第 3 步：删除多余的线，修改线型，调整中心线的长度，如图 6-64 所示。

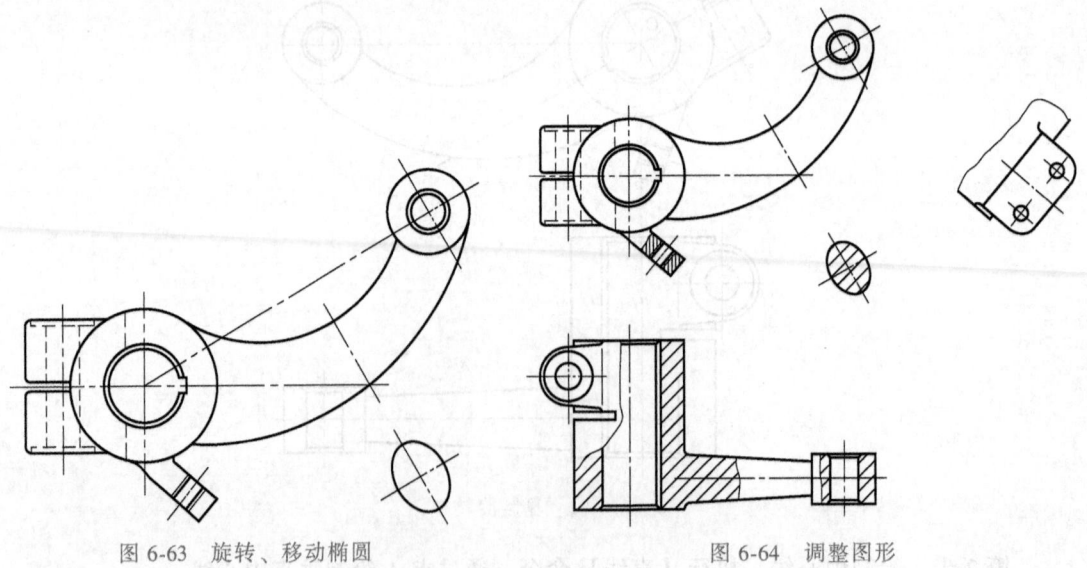

图 6-63 旋转、移动椭圆　　　　图 6-64 调整图形

11. 标注不带直径符号"φ"的线性尺寸

选择【标注线】图层，标注样式设置为【线性标注】，执行【线性】命令，标注不带直径符号"φ"的线性尺寸，如图 6-65 所示。

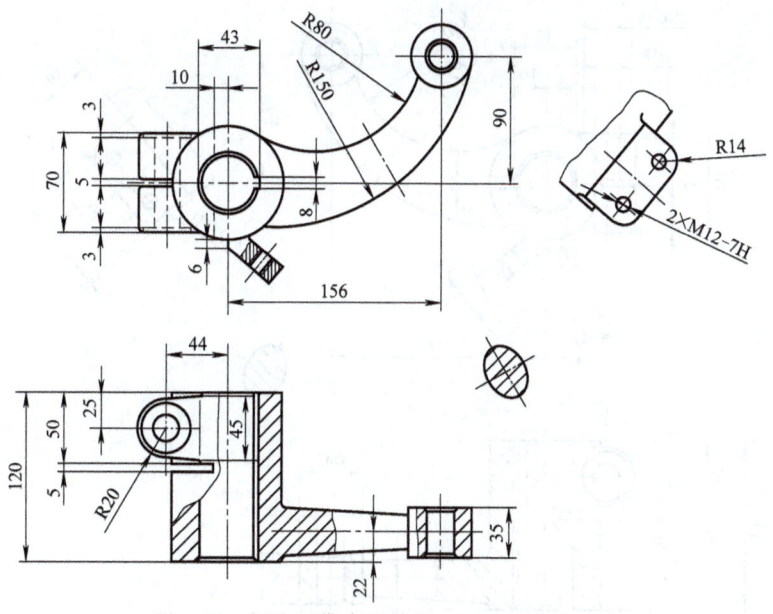

图 6-65　标注不带直径符号 "φ" 的线性尺寸

12. 标注带直径符号 "φ" 的线性尺寸及公差

标注样式设置为【加"φ"线性标注】，执行【线性】命令，标注带直径符号"φ"的线性尺寸，如图 6-66 所示。

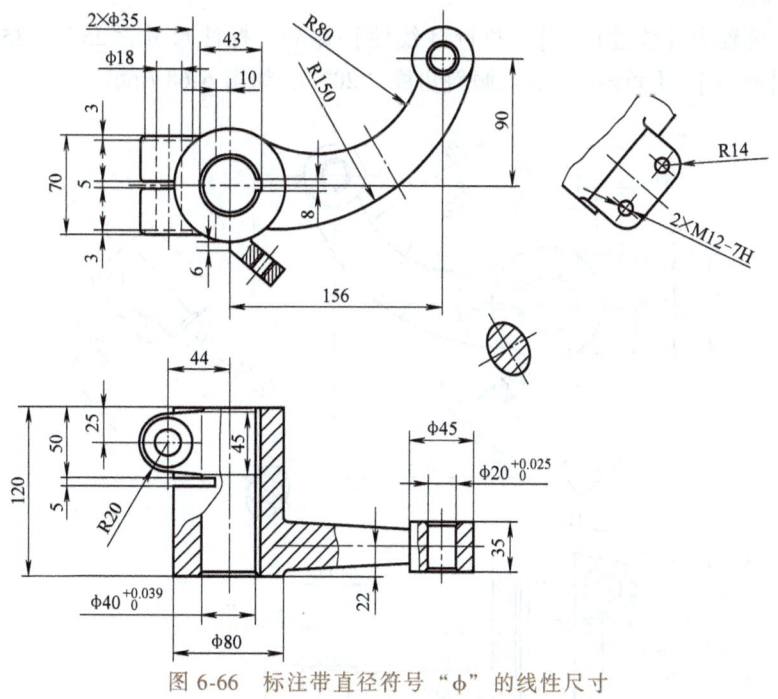

图 6-66　标注带直径符号 "φ" 的线性尺寸

13. 标注对齐尺寸

标注样式设置为【线性标注】，执行【对齐】命令，标注斜视图及主视图中固定部分的尺寸，如图 6-67 所示。

计算机绘图

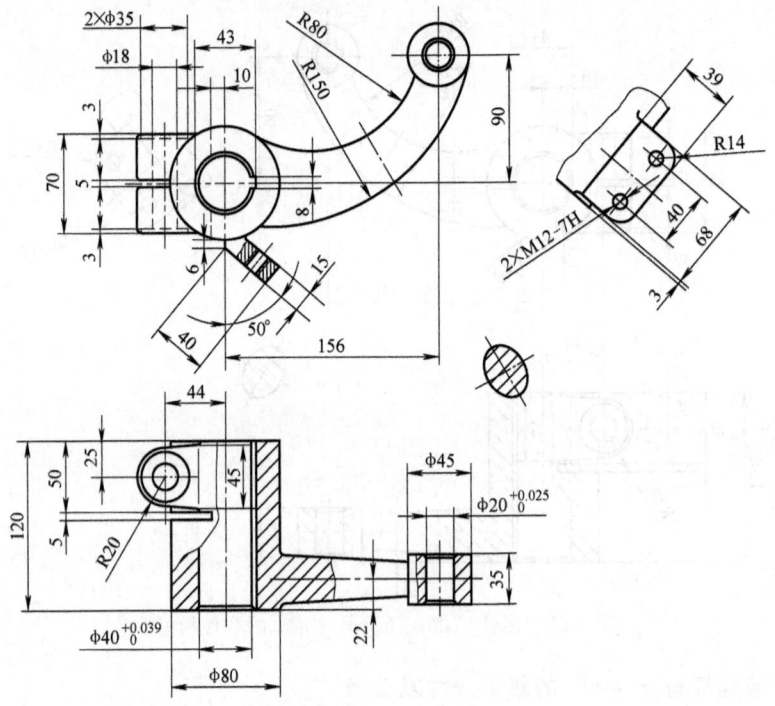

图 6-67 标注对齐尺寸

14. 标注倾斜尺寸

标注样式设置为【线性标注】，执行【线性】命令，标注尺寸 "25" "35"；选择尺寸 "25"，单击【标注】|【倾斜】，输入倾斜角度 "20°"，如图 6-68 所示。

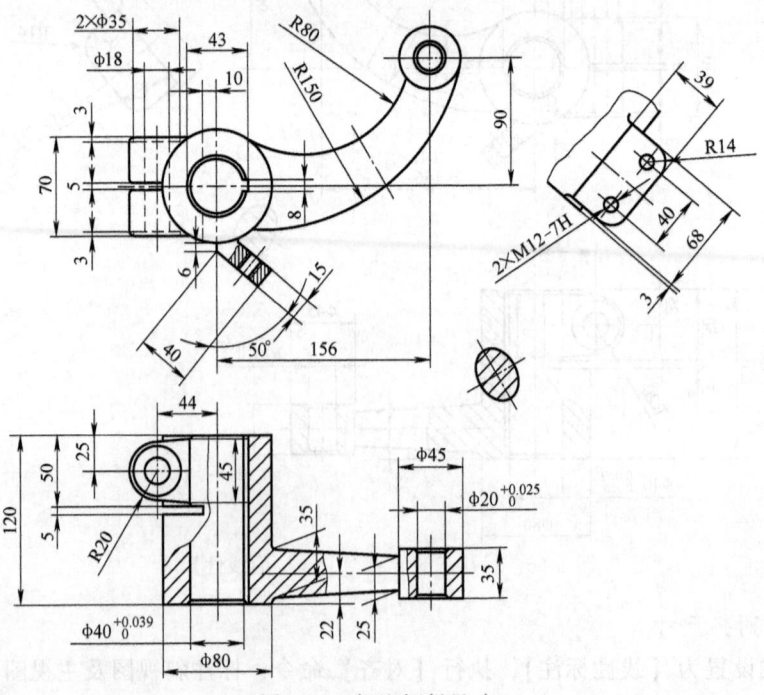

图 6-68 标注倾斜尺寸

15. 标注倒角、表面粗糙度
16. 调整视图、填写文字
17. 保存图形

完成拨叉零件图的绘制，如图 6-42 所示。

项目七

绘制装配图

使用 AutoCAD 2018 绘制装配图的方法和技巧与绘制零件图基本相同。绘制装配图一般采用三种方法：第一种是按手工绘图的步骤，结合【对象捕捉】、【对象追踪】等辅助功能直接绘制；第二种是利用【块】命令，将绘制好的零件图拼装在一起；第三种是利用 AutoCAD 2018 的多文档设计环境同时打开多个文件，利用【带基点复制】功能绘制装配图。本项目主要介绍第三种绘制装配图的方法。

知识目标
1）掌握装配图的绘制方法。
2）掌握装配图的尺寸标注方法。

技能目标
1）能够熟练使用 AutoCAD 2018 绘制装配图。
2）能够熟练使用在 AutoCAD 2018 中绘制装配图的技巧。

重点和难点
1）移动零件图并正确定位。
2）为装配图选择合适的表达方法。

任务 "带基点复制"绘制装配图

一、任务描述

在读懂千斤顶装配图的基础上，用 AutoCAD 2018 的绘图、编辑、修改命令完成千斤顶装配图的绘制任务。千斤顶零件图如图 7-1~图 7-6 所示，装配图如图 7-7 所示。用【带基点复制】功能绘制其装配图。

二、任务实施

1. 新建图形文件
- 在文件夹中双击已保存的 "A2 图形样板"文件。
- 执行【新建】命令，打开【选择样板】对话框，双击 "A2 图形样板"文件。

项目七 绘制装配图

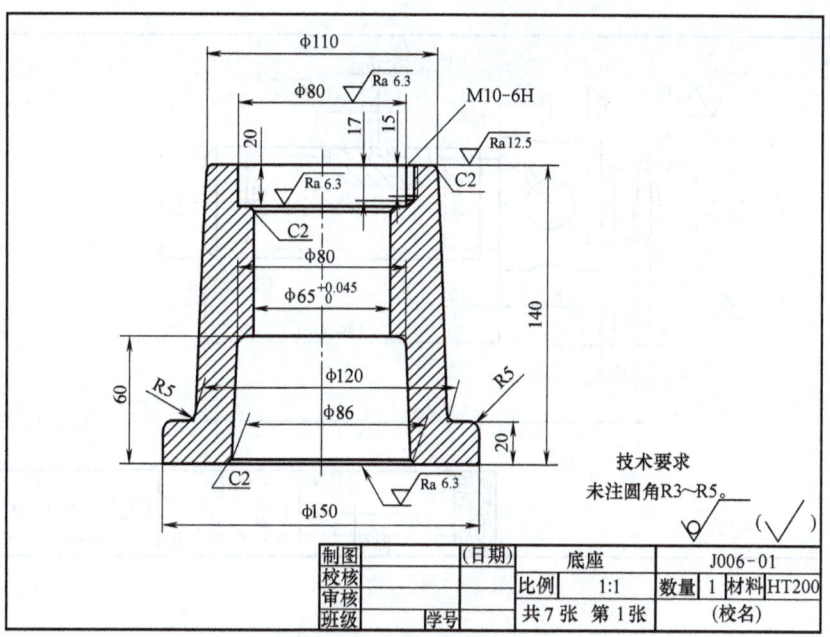

图 7-1 底座零件图

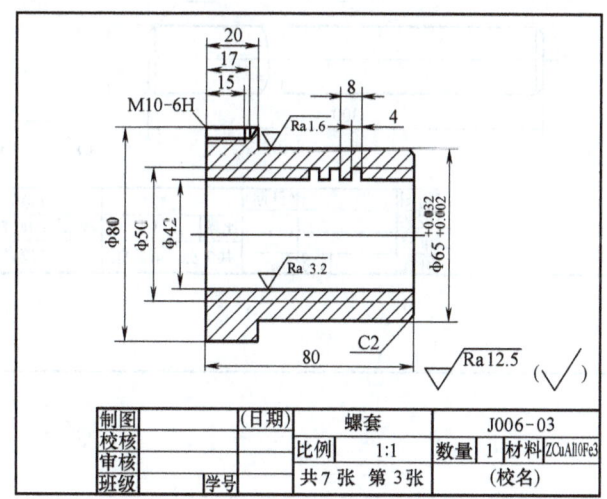

图 7-2 螺套零件图

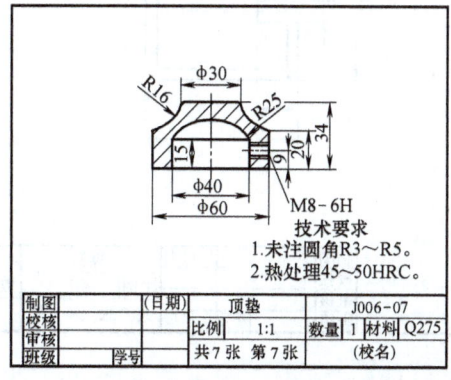

图 7-3 顶垫零件图

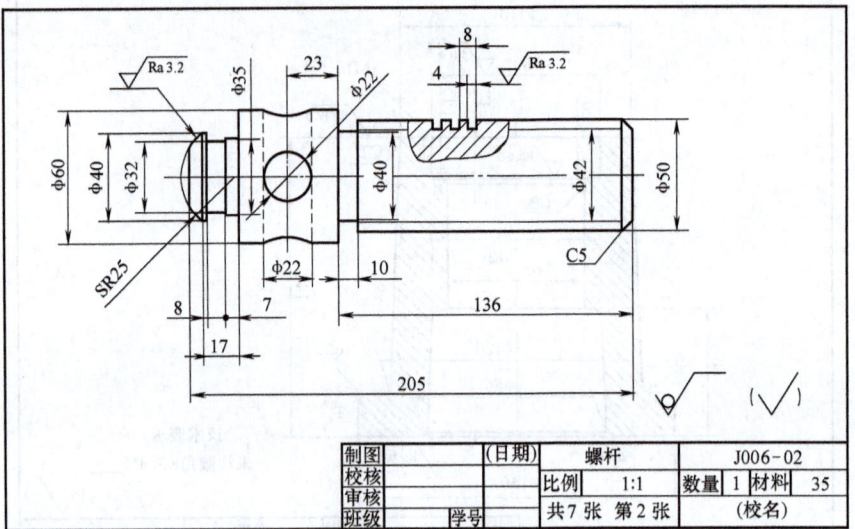

图 7-4 螺杆零件图

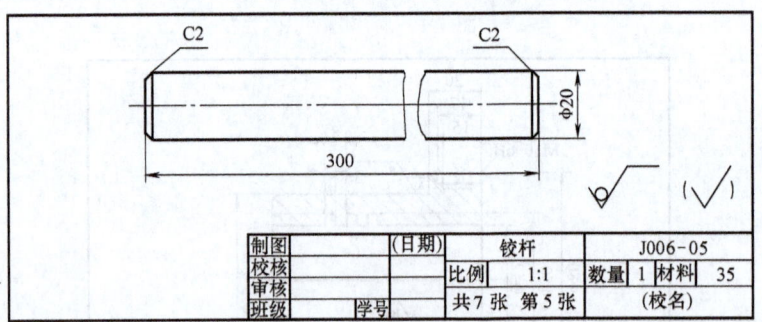

图 7-5 铰杆零件图

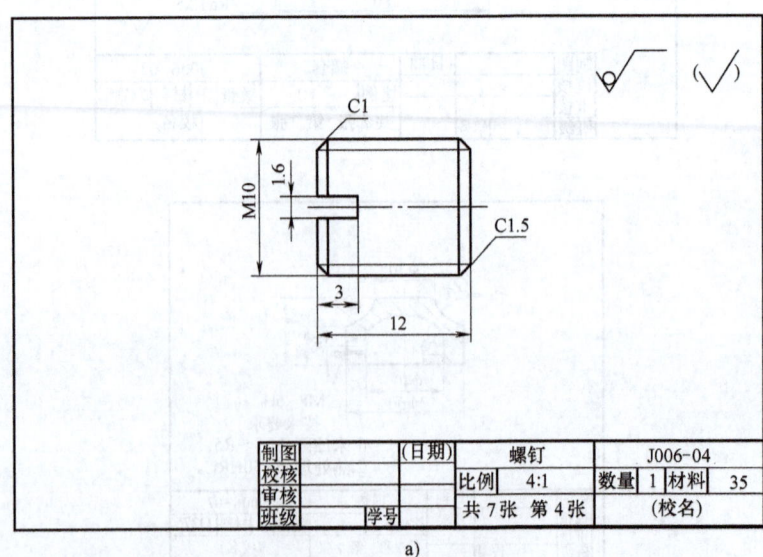

a)

图 7-6 螺钉零件图

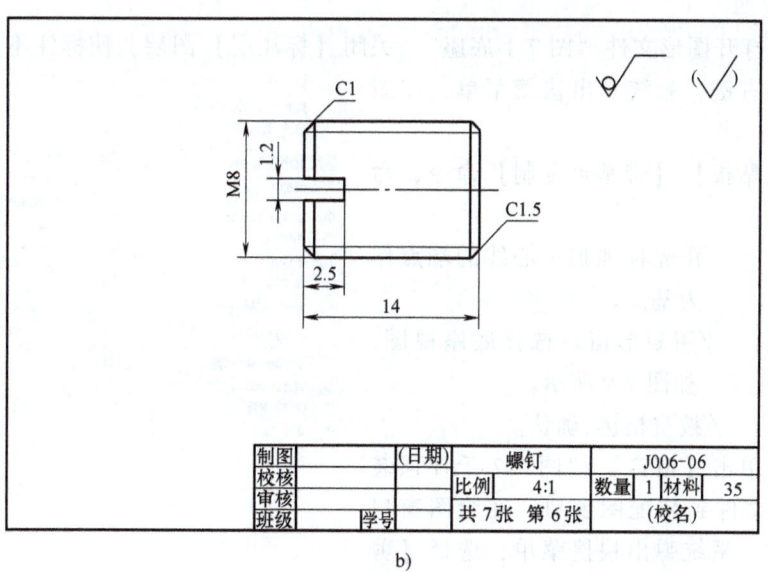

b)

图 7-6 螺钉零件图（续）

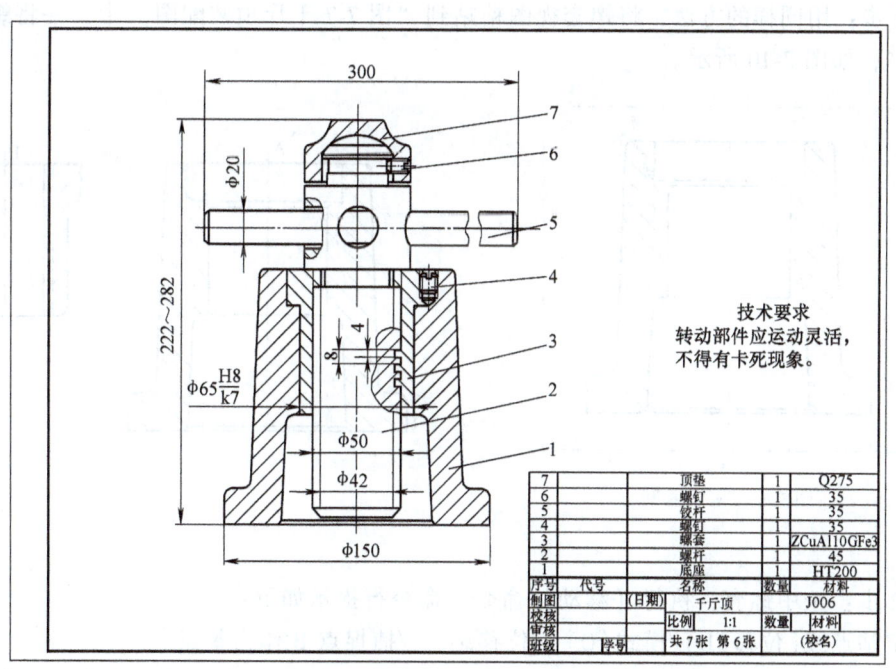

图 7-7 千斤顶装配图

2. 保存图形文件

执行【保存】命令，输入新建图形的名称"图 7-7 千斤顶装配图"。

3. 草图设置

开启【正交】、【对象捕捉】、【对象追踪】、【动态输入】等辅助绘图功能，设置常用对象捕捉方式。

4. 装配底座

第1步：打开图形文件"图7-1 底座"。关闭【标注层】图层，使标注不显示。在绘图窗口单击鼠标右键，系统弹出快捷菜单，如图7-8所示。

选择【剪贴板】|【带基点复制】命令，命令行提示如下：

指定基点： //用光标捕捉中心线的端点作为基点。

选择对象： //用矩形窗口选择底座视图，如图7-9所示。

选择对象： //按空格键，确认。

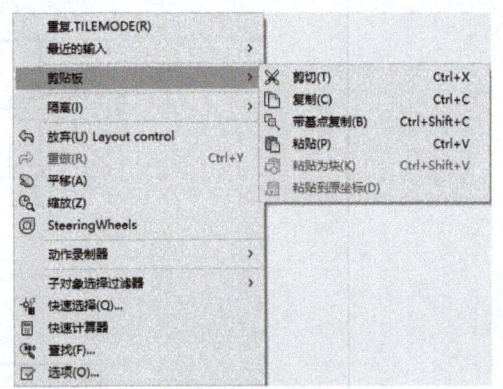

图7-8 快捷菜单

第2步：单击【窗口】|"图7-7 千斤顶装配图"，切换文件到装配图窗口。在绘图窗口单击鼠标右键，系统弹出快捷菜单，选择【剪贴板】|【粘贴为块】命令，将底座视图粘贴到"图7-7 千斤顶装配图"中。

5. 装配螺套

第1步：用同样的方法，将螺套视图粘贴到"图7-7 千斤顶装配图"中，并将螺套视图旋转-90°，如图7-10所示。

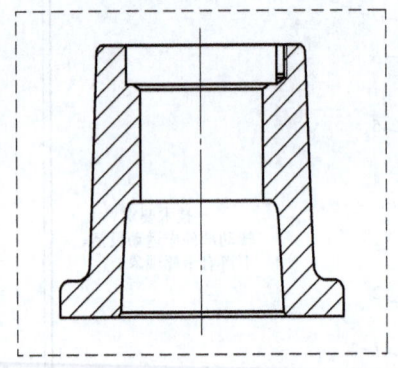

图7-9 选择图形

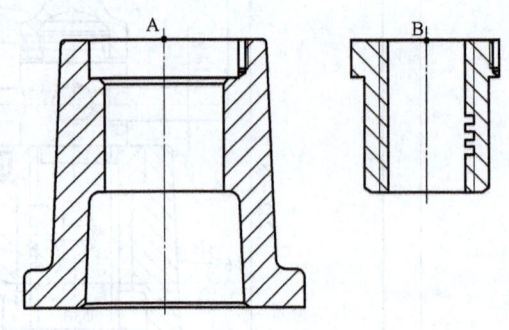

图7-10 粘贴并旋转螺套视图

第2步：选中螺套，执行【移动】命令，命令行提示如下：

指定基点或[位移(D)/模式(O)]<位移>： //捕捉点B作为基点。

指定基点或[位移(D)/模式(O)]<位移>:指定第二个点或<使用第一个点作为位移>：

//捕捉点A作为第二个点。

将螺套视图移动到安装位置，如图7-11所示。

第3步：选中底座视图及螺套视图，执行【分解】命令，分解图块。

提示：执行【分解】命令后，剖面线不分解。

第4步：执行【删除】和【修剪】命令，删除和修剪多余的线条及螺套视图中的剖面线，如图7-12所示。

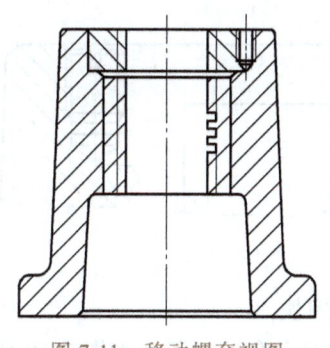
图7-11 移动螺套视图

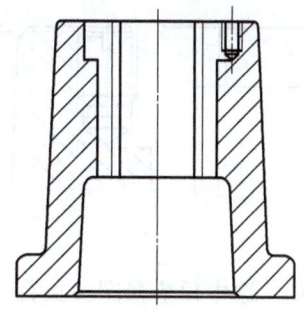
图7-12 编辑图形（一）

6. 装配螺杆

第1步：执行【带基点复制】命令，将螺杆视图粘贴到"图7-7 千斤顶装配图"中，并将螺杆视图旋转-90°。

第2步：选中螺杆，执行【移动】命令，将螺杆移动到安装位置，如图7-13所示。

第3步：选中螺杆视图，执行【分解】命令，分解图块。

第4步：执行【删除】和【修剪】命令，删除和修剪多余的线条及螺杆视图中的剖面线，如图7-14所示。

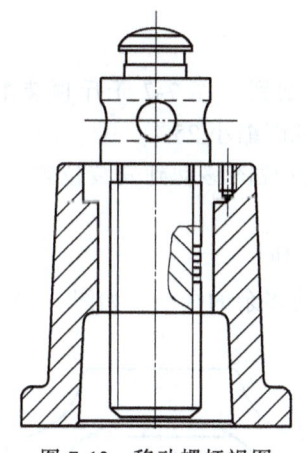
图7-13 移动螺杆视图

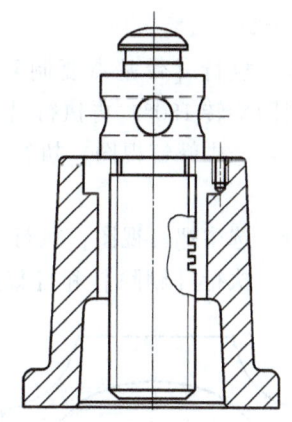
图7-14 编辑图形（二）

7. 装配螺钉M10

第1步：执行【带基点复制】命令，将螺钉视图粘贴到"图7-7 千斤顶装配图"中，并将螺钉视图旋转-90°；再执行【缩放】命令，将螺钉视图缩小25%。

第2步：选中螺钉视图，执行【移动】命令，将螺钉视图移动到安装位置，如图7-15所示。

第3步：选中螺钉视图，执行【分解】命令，分解图块。

第4步：执行【删除】和【修剪】命令，删除和修剪多余的线条，如图7-16所示。

8. 装配顶垫

第1步：执行【带基点复制】命令，将顶垫视图粘贴到"图7-7 千斤顶装配图"中。

第2步：选中顶垫视图，执行【移动】命令，将顶垫视图移动到安装位置，如图7-17所示。

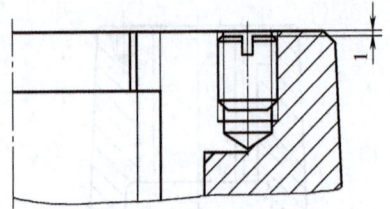

图 7-15 移动螺钉视图

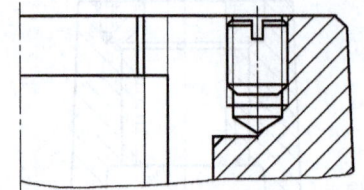

图 7-16 编辑图形（三）

第 3 步：选中顶垫视图，执行【分解】命令，分解图块。

第 4 步：执行【删除】和【修剪】命令，删除和修剪多余的线条，如图 7-18 所示。

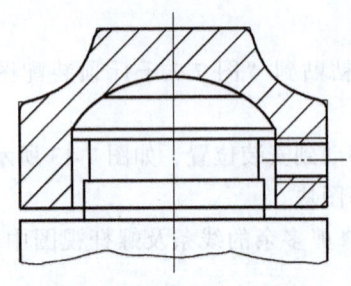

图 7-17 移动顶垫视图

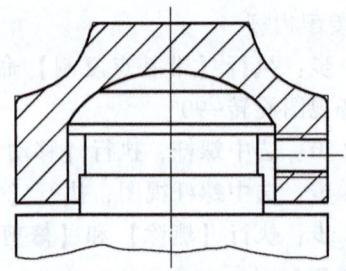

图 7-18 编辑图形（四）

9. 装配螺钉 M8

第 1 步：执行【带基点复制】命令，将螺钉视图粘贴到"图 7-7 千斤顶装配图"中，并将螺钉视图旋转 180°；再执行【缩放】命令，将螺钉视图缩小 25%。

第 2 步：选中螺钉视图，执行【移动】命令，将螺钉视图移动到安装位置，如图 7-19 所示。

第 3 步：选中螺钉视图，执行【分解】命令，分解图块。

第 4 步：执行【删除】和【修剪】命令，删除和修剪多余的线条，如图 7-20 所示。

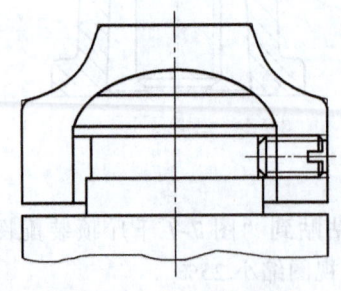

图 7-19 移动螺钉视图

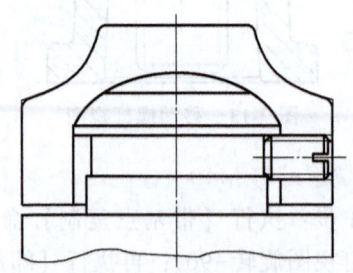

图 7-20 编辑图形（五）

10. 装配铰杆

第 1 步：执行【带基点复制】命令，将铰杆视图粘贴到"图 7-7 千斤顶装配图"中。

第 2 步：选中铰杆视图，执行【移动】命令，将铰杆视图移动到安装位置。

第 3 步：选中铰杆视图，执行【分解】命令，分解图块。

第 4 步：执行【删除】和【修剪】命令，删除和修剪多余的线条，修改线型，如图 7-21 所示。

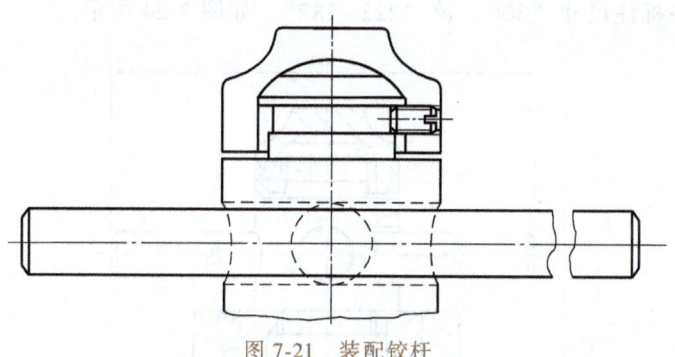

图 7-21 装配铰杆

11. 填充剖面线

执行【样条曲线】命令，绘制样条曲线，修改线型；执行【图案填充】命令，填充剖面线，注意相邻两个零件的剖面线方向应相反；执行【移动】命令，调整视图布局，如图 7-22 所示。

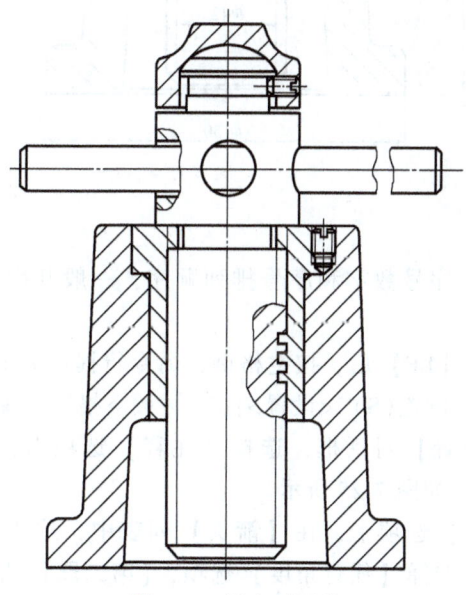

图 7-22 填充剖面线

12. 标注必要的尺寸

选择【标注线】图层，标注千斤顶装配图中的必要尺寸。

标注尺寸 "$\phi 65 \dfrac{H8}{k7}$" 时，执行【线性】命令后，双击标注文字，在文本框中输入 "ϕ65H8/k7"，然后选择 "H8/k7"，将其改为堆叠文字。单击【关闭文字编辑器】按钮，如图 7-23 所示。

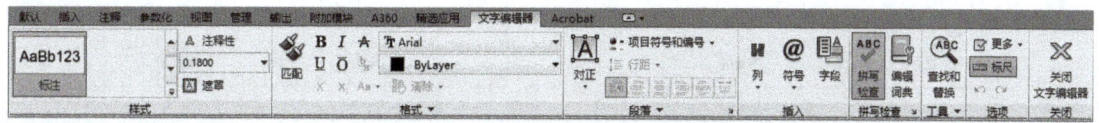

图 7-23 【文字编辑器】选项卡

用同样的方法标注尺寸"300"及"222~282",如图7-24所示。

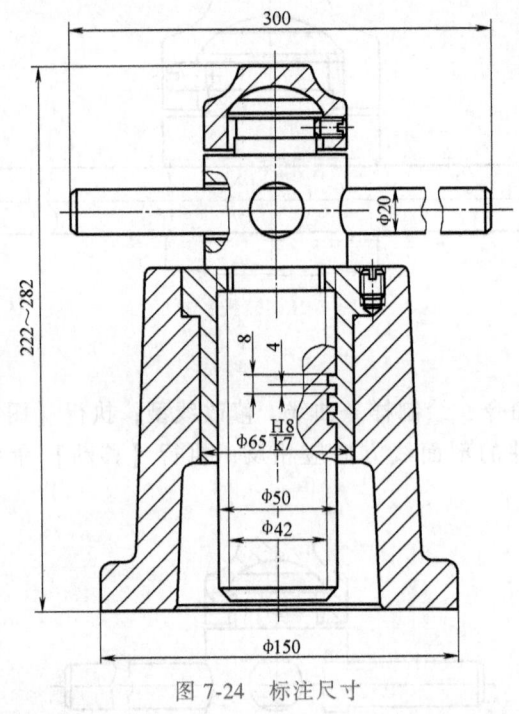

图7-24 标注尺寸

13. 标注零件序号

零件序号包括指引线、序号数字和序号排列顺序,一般利用【快速引线】命令来完成零件序号的标记。

1)在命令行输入命令【LE】后,按空格键,命令行提示如下:

指定第一个引线点或 [设置(S)]<设置>:✓ //按空格键,确认设置。

2)系统弹出【引线设置】对话框,选择【注释】选项卡,在【注释类型】列表中,选中【多行文字】单选项,如图7-25所示。

3)选择【引线和箭头】选项卡,在【箭头】列表中,选择【小点】选项;在【角度约束】列表中,【第一段】选择【任意角度】选项,【第二段】选择【任意角度】选项,如图7-26所示。

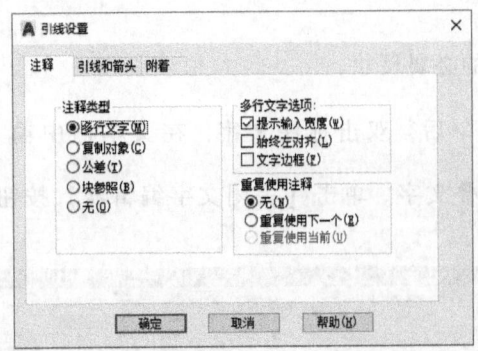

图7-25 【注释】选项卡

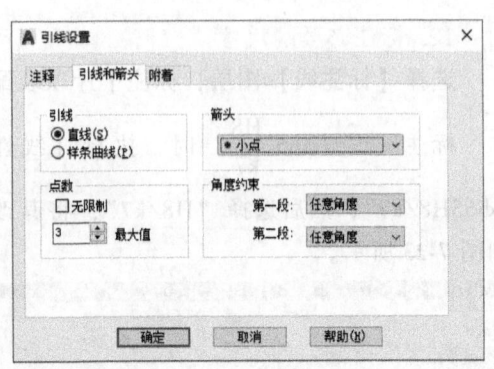

图7-26 【引线和箭头】选项卡

4）选择【附着】选项卡，选择【最后一行加下划线】，如图7-27所示。

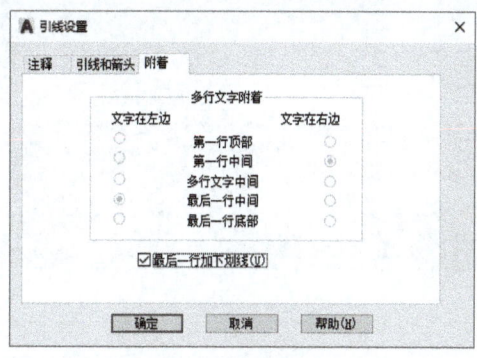

图7-27 【附着】选项卡

5）单击【引线设置】对话框中的【确定】按钮，命令行提示如下：
指定第一个引线点或[设置(S)]<设置>： //捕捉底座上的任意一点。
指定下一点： //关闭【正交】，光标沿适当方向单击一点。
指定下一点:2↙　　//打开【正交】，光标沿水平方向向右移动，输入"2"并确认。
指定文字宽度<0>:↙　//按空格键，确认。
输入注释文字的第一行<多行文字(M)>:1↙　　//输入"1"并确认。
输入注释文字的下一行:↙　 //按<Enter>键，退出。
用同样的方法标注其余零件序号，如图7-28所示。

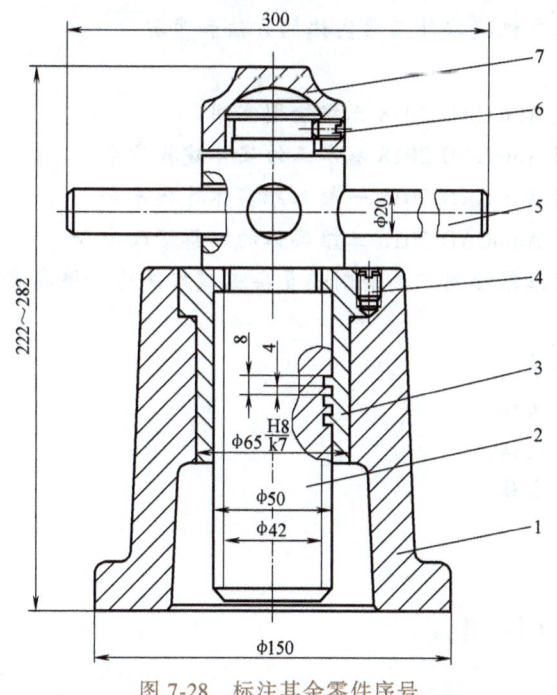

图7-28 标注其余零件序号

14. 绘制明细栏
在标题栏的上方绘制明细栏，注写技术要求，修整图形。装配图的最终效果如图7-7所示。

项目八

三维建模

AutoCAD 2018 除了具有强大的二维绘图功能外,还具备基本的三维建模功能。使用 AutoCAD 2018 不但可以很方便地建立简单物体的三维模型,而且能够通过实体编辑来建立较复杂物体的三维模型。目前,三维图形的应用越来越广泛,本项目将详细介绍三维建模的相关知识。

知识目标

1) 掌握 AutoCAD 2018 三维绘图空间的创建方法。
2) 掌握 AutoCAD 2018 基本三维实体的创建方法。
3) 掌握 AutoCAD 2018 一般三维实体的创建方法。
4) 掌握 AutoCAD 2018 三维实体的编辑修改命令。
5) 掌握绘制较复杂机械零件三维实体的方法和步骤。

技能目标

1) 能够熟练创建 AutoCAD 2018 三维绘图空间。
2) 能够熟练使用 AutoCAD 2018 基本三维实体建模命令。
3) 能够熟练使用 AutoCAD 2018 一般三维实体建模命令。
4) 能够熟练使用 AutoCAD 2018 三维实体的编辑修改命令。
5) 能够熟练使用三维绘图工具绘制较复杂机械零件的三维实体。

重点和难点

1) 三维绘图坐标系。
2) 创建基本三维实体。
3) 创建一般三维实体。
4) 编辑修改三维实体。

任务一 三维建模基础

一、三维建模工作空间

双击桌面上的 AutoCAD 2018 快捷方式图标,启动 AutoCAD 2018,在【快速访问】工具栏的下拉列表中选择【三维建模】，如图 8-1 所示，启动【三维建模】空间，如图 8-2 所示。

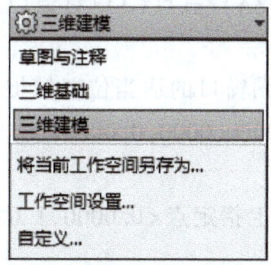

图 8-1　工作空间切换快捷菜单

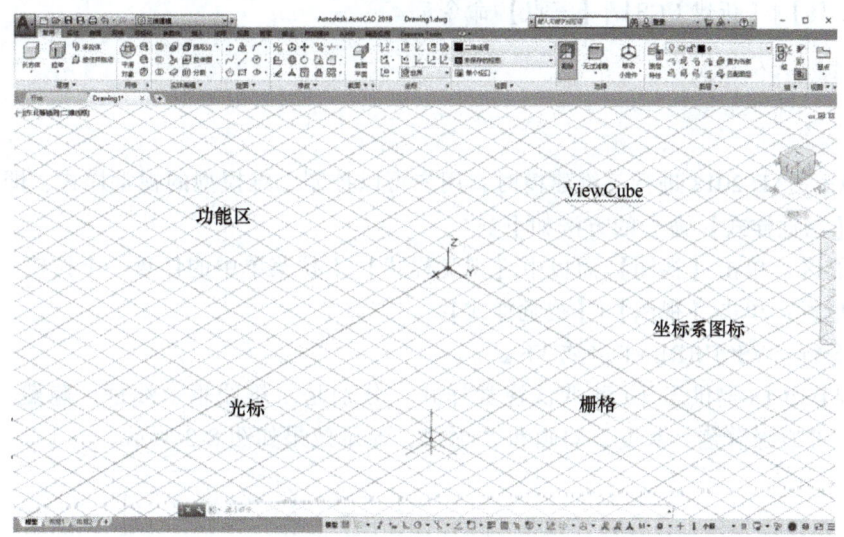

图 8-2　三维建模工作界面

二、三维绘图坐标系

在绘制三维图形时，AutoCAD 2018 使用了两个坐标系，即世界坐标系（WCS）和用户坐标系（UCS）。世界坐标系是 AutoCAD 2018 中默认的坐标系，又称笛卡儿坐标系，其坐标都是以（X，Y，Z）的形式确定的，原点在屏幕的左下角，X 轴以水平向右为正方向，Y 轴以垂直向上为正方向，Z 轴以垂直屏幕指向用户为正方向。

利用世界坐标系绘制三维图形时，无法完成同一实体不同表面的绘图。AutoCAD 2018 还提供了用户坐标系，它以 XY 平面为基准平面，用户可以灵活地设置 UCS，随意移动和旋转 XY 平面，在三维空间的任意方位上创建三维模型。

执行【UCS】命令的方法如下：
- 功能区/工具栏：单击【UCS】按钮。
- 菜单栏：单击【工具】|【新建 UCS】。
- 命令行：UCS✓。

一般情况下，通过定义三点来创建新的 UCS。执行【UCS】命令后，命令行提示如下：
指定 UCS 的原点或 [面（F）/命名（NA）/对象（OB）/上一个（P）/视图（V）/世界（W）/X/

Y/Z/Z 轴(ZA)]<世界>:N↙   //输入命令"N"并确认。

指定新的 UCS 的原点或[Z 轴(ZA)/三点(3)/对象(OB)/面(F)/视图(V)/X/Y/Z]<0,0,0>:3↙   //输入命令"3"并确认。

指定新原点<0,0,0>：   //在绘图窗口的适当位置捕捉一点作为新原点。

在正 X 轴范围上指定点<1.0000,0.0000,0.0000>：   //打开【正交】,在绘图窗口内 X 轴的正方向上捕捉一点。

在 UCS XY 平面的正 Y 轴范围上指定点<0.0000,1.0000,0.0000>：   //在 Y 轴正方向上单击一点。

通过定义三点创建新的 UCS 时，可以直接单击【坐标】面板中的【三点】按钮，或者单击【工具】|【新建 UCS】|【三点】命令。

三、三维视图的观察

1. 视觉样式

使用 AutoCAD 2018 进行三维建模时，用户可以控制三维模型的视觉样式，即显示效果。执行【视觉样式】命令的方法如下：

- 功能区：单击【视图】面板中【视觉样式】下拉菜单中的任意一个按钮。
- 菜单栏：单击【视图】|【视觉样式】。
- 命令行：VSCURRENT↙或 VS↙。

AutoCAD 2018 提供了 10 种默认视觉样式，分别是二维线框、线框、隐藏、真实、概念、着色、带边缘着色、灰度、勾画和 X 射线，显示效果如图 8-3 所示。

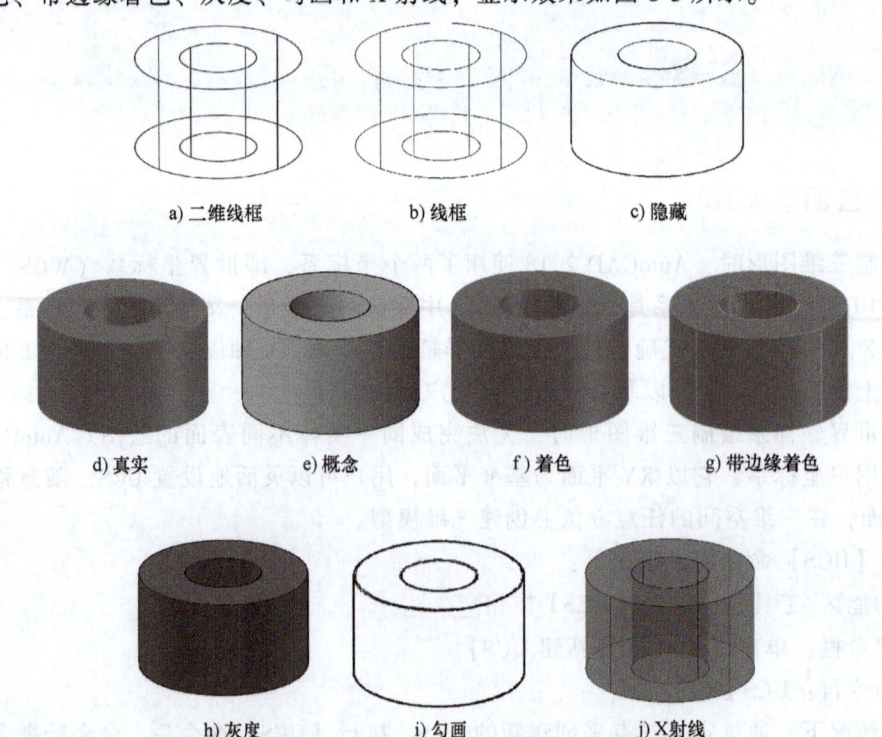

图 8-3 视觉样式显示效果

2. 标准视图

使用 AutoCAD 2018 绘制三维图形时，默认视图方向为 XY 平面，即俯视图方向，因此看不到物体的高度。通过选择标准视图，用户可以由不同的方向观察视图。系统预定义的标准视图为：俯视、仰视、左视、右视、前视、后视、西南等轴测、东南等轴测、东北等轴测、西北等轴测。

执行【标准视图】命令的方法如下：
- 功能区：单击【视图】面板中【三维导航】下拉列表中的任意一个按钮。
- 菜单栏：单击【视图】|【三维视图】。
- 视图控件：单击绘图区左上角的视图控件进行选择。
- 命令行：VIEW↙或V↙。

一般情况下，用户可以单击【ViewCube】进行视图切换，如图 8-4 所示。

3. 动态观察

除了可以用标准视图来观察三维模型之外，AutoCAD 2018 还给用户提供了三维动态观察器，用户可以从任意视点更直观地观察三维实体。动态观察分为：受约束的动态观察、自由动态观察、连续动态观察。

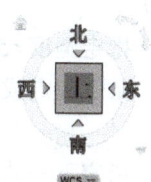

图 8-4 【ViewCube】工具

执行【动态观察】命令的方法如下：
- 工具栏：单击【动态观察】工具栏中的任意一个按钮。
- 菜单栏：单击【视图】|【动态观察】。
- 鼠标：按住<Shift>键的同时拖动鼠标中键。
- 命令行：3DORBIT↙（受约束的动态观察），或 3DFORBIT↙（自由动态观察），或 3DCORBIT↙（连续动态观察）。

任务二　绘制基本三维实体

在 AutoCAD 2018 中，基本三维实体包括楔体、长方体、圆锥体、多段体、球体、圆柱体、圆环体及棱锥体。下面通过几个实例来学习绘制基本三维实体的方法。

一、绘制多段体

执行【多段体】命令的方法如下：
- 功能区/工具栏：单击【多段体】按钮。
- 菜单栏：单击【绘图】|【建模】|【多段体】。
- 命令行：POLYSOLID↙。

例 8-1　绘制图 8-5 所示的多段体。

① 绘图之前，开启【正交】、【对象捕捉】、【对象追踪】、【动态输入】等辅助绘图功能。将视图切换到【西南等轴测】方向，在图形样板中创建一个实体图层。

② 执行【多段体】命令后，命令行提示如下：

指定起点或[对象(O)/高度(H)/宽度(W)/对正(J)]<对象>:H↙　　//输入命令 H，确认。

指定宽度<80.0000>:50↙　　//输入高度值 50,确认。

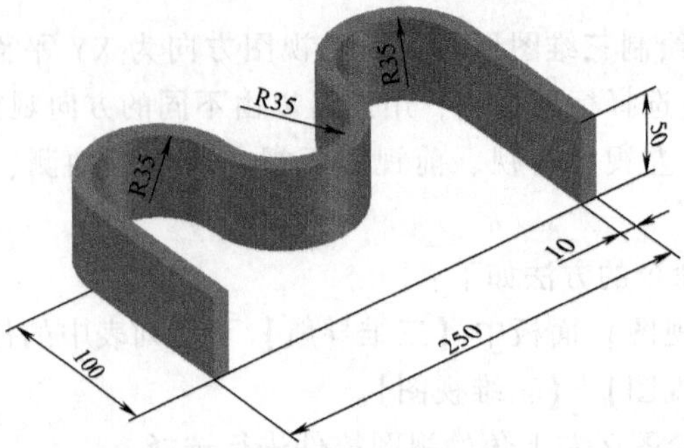

图 8-5 多段体

指定起点或[对象(O)/高度(H)/宽度(W)/对正(J)]<对象>:W✓　　//输入命令W,确认。

指定宽度<5.0000>:10✓　　//输入宽度值10,确认。

指定起点或[对象(O)/高度(H)/宽度(W)/对正(J)]<对象>:　　//在绘图窗口适当位置捕捉一点作为起点。

指定下一点或[圆弧(A)/放弃(U)]:100✓　　//光标沿Y轴正方向移动,输入长度值100,确认。

指定下一点或[圆弧(A)/放弃(U)]:A✓　　//输入命令A,确认。

指定圆弧的端点或[闭合(C)/方向(F)/直线(L)/第二个点(S)/放弃(U)]:80✓
　　//光标沿X轴正方向移动,输入直径值80,确认。

指定圆弧的端点或[闭合(C)/方向(F)/直线(L)/第二个点(S)/放弃(U)]:80✓
　　//光标沿X轴正方向移动,输入直径值80,确认。

指定圆弧的端点或[闭合(C)/方向(F)/直线(L)/第二个点(S)/放弃(U)]:80✓
　　//光标沿X轴正方向移动,输入直径值80,确认。

指定圆弧的端点或[闭合(C)/方向(F)/直线(L)/第二个点(S)/放弃(U)]:100✓
　　//光标沿Y轴负方向移动,输入长度值100,确认。

指定圆弧的端点或[闭合(C)/方向(F)/直线(L)/第二个点(S)/放弃(U)]:✓
　　//按空格键,确认退出。

③ 完成多段体的绘制。用户可执行【视觉样式】命令、【视图】命令、【动态观察】命令观察三维模型。

二、绘制长方体

执行【长方体】命令的方法如下:
- 功能区/工具栏:单击【长方体】按钮。
- 菜单栏:单击【绘图】|【建模】|【长方体】。
- 命令行:BOX✓。

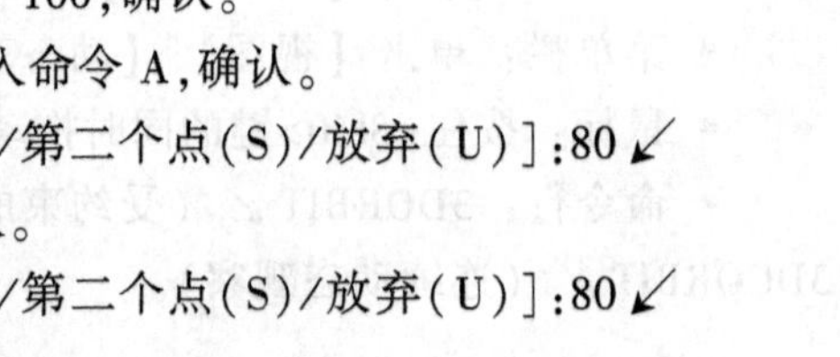

例8-2　绘制图8-6所示的长方体。

执行【长方体】命令后,命令行提示如下:

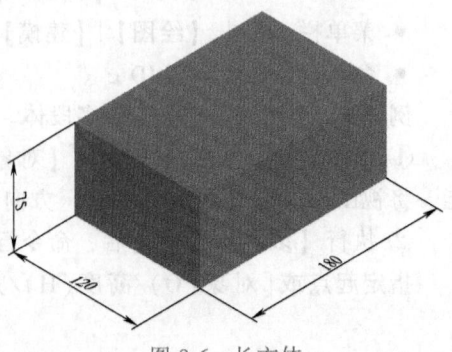

图 8-6　长方体

指定第一角点或[中心(C)]： //在绘图窗口的适当位置捕捉一点作为第一角点。
指定其他角点或[立方体(C)/长度(L)]:L✓ //输入命令L,确认。
指定长度<60.0000>:180✓ //输入长度值180,确认。
指定宽度<30.0000>:120✓ //输入宽度值120,确认。
指定高度<50.0000>:75✓ //输入高度值75,确认。

三、绘制楔体

执行【楔体】命令的方法如下：
- 功能区/工具栏：单击【楔体】按钮 。
- 菜单栏：单击【绘图】|【建模】|【楔体】。
- 命令行：WEDGE✓。

例 8-3 绘制图 8-7 所示的楔体。

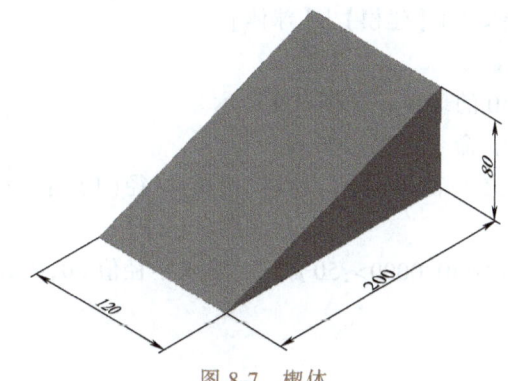

图 8-7 楔体

执行【楔体】命令后，命令行提示如下：
指定第一角点或[中心(C)]： //在绘图窗口的适当位置捕捉一点作为第一角点。
指定其他角点或[立方体(C)/长度(L)]:L✓ //输入命令L,确认。
指定长度<180.0000>:200✓ //输入长度值200,确认。
指定宽度<120.0000>:120✓ //输入宽度值120,确认。
指定高度<75.0000>:80✓ //输入高度值80,确认。

四、绘制圆锥体

执行【圆锥体】命令的方法如下：
- 功能区/工具栏：单击【圆锥体】按钮。
- 菜单栏：单击【绘图】|【建模】|【圆锥体】。
- 命令行：CONE✓。

例 8-4 执行【圆锥体】命令，绘制图 8-8 所示的圆台体。
执行【圆锥体】命令后，命令行提示如下：
指定底面的中心点或[三点(3P)/两点(2P)/相切、相切、半径(T)/椭圆(E)]： //在绘图窗口的适当位置捕捉一点作为底面中心点。

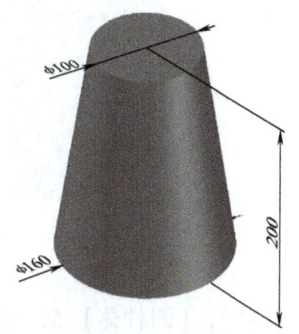

图 8-8 圆台体

指定底面半径或[直径(D)]<40.0000>:80 ✓   //输入半径值80,确认。
指定高度[两点(2P)/轴端点(A)/顶面半径(T)]:T ✓   //输入命令T,确认。如果输入
　　　　　　　　　　　　　　　　　　　　　　　　高度值,则可绘制圆锥体。
指定顶面半径<0.0000>:50 ✓   //输入半径值50,确认。
指定高度[两点(2P)/轴端点(A)]<100.0000>:200 ✓   //输入高度值200,确认。
提示：圆台体绘制完成后,可对曲面素线数值重新进行设置。系统默认的曲面素线数值为4,可通过使用【素线】【ISOLINES】命令修改曲面素线数值来改变模型线框显示密度。图8-8中的曲面素线数值为16。

五、绘制球体

执行【球体】命令的方法如下：
- 功能区/工具栏：单击【球体】按钮⬤。
- 菜单栏：单击【绘图】|【建模】|【球体】。
- 命令行：SPHERE ✓。

例8-5　绘制半径为50的球体,如图8-9所示。

执行【球体】命令后,命令行提示如下：
指定中心点或[三点(3P)/两点(2P)/相切、相切、半径(T)]： //在绘图窗口的适当位置
　　　　　　　　　　　　　　　　　　　　　　　　　　　　捕捉一点作为中心点。
指定半径或[直径(D)]<40.0000>:50 ✓   //输入半径值50,确认。

六、绘制圆柱体

执行【圆柱体】命令的方法如下：
- 功能区/工具栏：单击【圆柱体】按钮⬛。
- 菜单栏：单击【绘图】|【建模】|【圆柱体】。
- 命令行：CYLINDER ✓。

例8-6　绘制图8-10所示的圆柱体。

图8-9　球体

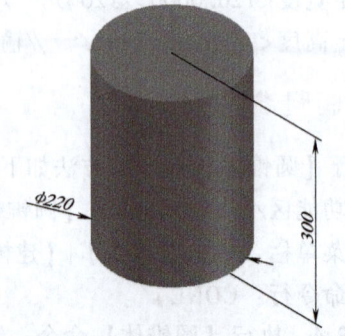

图8-10　圆柱体

执行【圆柱体】命令后,命令行提示如下：
指定底面的中心点或[三点(3P)/两点(2P)/相切、相切、半径(T)/椭圆(E)]：

//在绘图窗口的适当位置捕捉一点作为底面中心点。
指定底面半径或[直径(D)]<40.0000>:110↙   //输入半径值110,确认。
指定高度[两点(2P)/轴端点(A)]<200.0000>:300↙   //输入高度值300,确认。

七、绘制圆环体

执行【圆环体】命令的方法如下：
- 功能区/工具栏：单击【圆环体】按钮◎。
- 菜单栏：单击【绘图】|【建模】|【圆环体】。
- 命令行：TORUS↙或 TOR↙。

例 8-7 绘制圆环中径为 120、圆管直径为 20 的圆环体，如图 8-11 所示。

执行【圆环体】命令后，命令行提示如下：
指定中心点或[三点(3P)/两点(2P)/相切、相切、半径(T)]：   //在绘图窗口的适当位置
　　　　　　　　　　　　　　　　　　　　　　　　　　　　　　捕捉一点作为中心点。
指定半径或[直径(D)]<40.0000>:60↙   //输入半径值 60,确认。
指定圆管半径或[两点(2P)/直径(D)]<20.0000>:10↙   //输入半径值 10,确认。

八、绘制棱锥体

执行【棱锥体】命令的方法如下：
- 功能区/工具栏：单击【棱锥体】按钮△。
- 菜单栏：单击【绘图】|【建模】|【棱锥体】。
- 命令行：PYRAMID。

例 8-8 绘制具有八个侧面、内接于圆、底面半径为 80、顶面半径为 40、高度为 50 的棱锥体，如图 8-12 所示。

图 8-11 圆环体

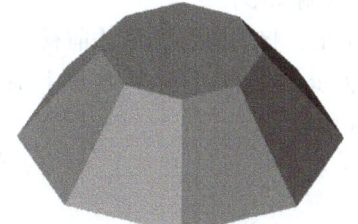

图 8-12 棱锥体

执行【棱锥体】命令后，命令行提示如下：
指定底面的中心点或[边(E)/侧面(S)]:S↙   //输入命令 S,确认。
输入侧面数<4>:8↙   //输入侧面数 8,确认。
指定底面的中心点或[边(E)/侧面(S)]：   //在绘图窗口的适当位置捕捉一点作为中
　　　　　　　　　　　　　　　　　　　　心点。
指定底面半径或[内接(I)]<40.0000>:I↙   //输入命令 I,确认。
指定底面半径或[外切(C)]<40.0000>:80↙   //输入底面半径值 80,确认。
指定高度[两点(2P)/轴端点(A)/顶面半径(T)]:T↙   //输入命令 T,确认。

指定顶面半径<0.0000>:40 ↙　　//输入半径值40,确认。
指定高度[两点(2P)/轴端点(A)]<100.0000>:50 ↙　　//输入高度值50,确认。

任务三　绘制一般三维实体

在 AutoCAD 2018 中，可以将二维对象通过拉伸、旋转、扫掠和放样等方法创建成一般三维实体。绘制一般三维实体时，必须将独立对象转换为单个对象，即将由直线或圆弧等二维对象围成的封闭区域转换为面域，才能进行拉伸、旋转、扫掠、放样等操作，否则，创建出来的将会是面。

一、由拉伸创建三维实体

通过【拉伸】命令可以将二维平面对象拉伸为三维实体。该命令适合创建形状复杂但厚度统一的实体。

执行【拉伸】命令的方法如下：
- 功能区/工具栏：单击【拉伸】按钮。
- 菜单栏：单击【绘图】|【建模】|【拉伸】。
- 命令行：EXTRUDE ↙。

例 8-9　拉伸五角星实体，正五边形内接圆的半径为 50，拉伸高度为 20，如图 8-13 所示。

1）选择图形样板，新建图形文件。
2）保存图形文件，名称为"图 8-13　五角星实体"。
3）草图设置。开启【正交】、【对象捕捉】、【对象追踪】、【动态输入】等辅助绘图功能，设置常用对象捕捉方式。
4）绘制图形。
第 1 步：将视图切换到【前视】方向。
第 2 步：执行【正多边形】命令，绘制正五边形，如图 8-14a 所示。
第 3 步：执行【直线】命令，绘制五角星，如图 8-14b 所示。
第 4 步：执行【删除】命令，删除正五边形；执行【修剪】命令，修剪图形，如图 8-14c 所示。

图 8-13　五角星实体

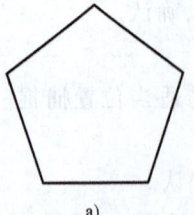
a)

b)

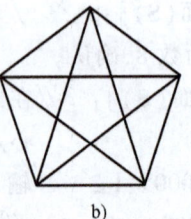
c)

图 8-14　绘制五角星

第5步：执行【面域】命令，选中全部二维对象，创建一个面域。

第6步：将视图切换到【西南等轴测】方向。

第7步：将二维对象拉伸为实体。执行【拉伸】命令后，命令行提示如下：

选择要拉伸的对象： //选择面域。

选择要拉伸的对象:↙ //按空格键,退出选择。

指定拉伸的高度或[方向(D)/路径(P)/倾斜角(T)]<20.0000>:20↙ //输入拉伸高度20,确认。

第8步：按住<Shift>键拖动鼠标中键，调整视图方向以便于观察。

5）保存图形。

二、由旋转创建三维实体

用户可以通过【旋转】命令将二维平面对象旋转为三维实体。该命令适合创建具有纵截面的回转体。

执行【旋转】命令的方法如下：

- 功能区/工具栏：单击【旋转】按钮。
- 菜单栏：单击【绘图】|【建模】|【旋转】。
- 命令行：REVOLVE↙或 REV↙。

例 8-10 通过旋转命令绘制阀盖实体，尺寸如图 8-15 所示。

1）选择图形样板，新建图形文件。

2）保存图形文件，名称为"图 8-17 阀盖实体。"

3）草图设置。开启【正交】【对象捕捉】【对象追踪】【动态输入】等辅助绘图功能，设置常用对象捕捉方式。

4）绘制图形。

第1步：将视图切换到【前视】方向。

第2步：执行【直线】命令，绘制二维图形，如图 8-16 所示。

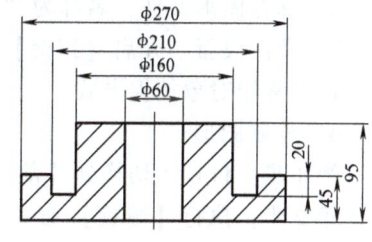

图 8-15 阀盖零件图

第3步：执行【面域】命令，选中全部二维对象，创建一个面域。

第4步：将视图切换到【西南等轴测】方向。

第5步：将二维对象旋转为实体。执行【旋转】命令后，命令行提示如下：

选择要旋转的对象： //选择面域。

选择要旋转的对象:↙ //按空格键,退出选择。

指定轴起点或根据以下选项之一定义轴[对象(O)/X/Y/Z]<对象>： //捕捉中心线上的任意一点。

指定轴端点： //捕捉中心线上的另外一点。

指定旋转角或[起点角度(ST)]<360>:↙ //默认旋转角度360°,确认。

第6步：按住<Shift>键的同时按住鼠标中键并拖动，调整视图方向以便于观察。

绘制完成的阀盖实体如图 8-17 所示。

5）保存图形。

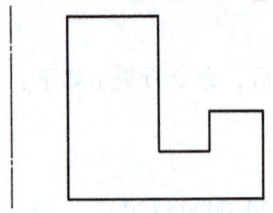

图 8-16　绘制二维图形

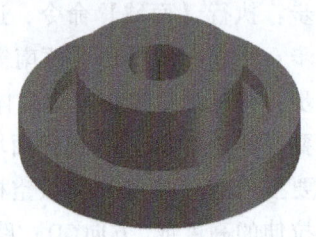

图 8-17　阀盖实体

三、由扫掠创建三维实体

用户可以通过【扫掠】命令沿指定路径扫掠二维对象来创建实体。沿路径扫掠时，二维对象始终与路径的法向垂直。

执行【扫掠】命令的方法如下：

- 功能区/工具栏：单击【扫掠】按钮。
- 菜单栏：单击【绘图】|【建模】|【扫掠】。
- 命令行：SWEEP✓。

例 8-11　运用扫掠命令绘制弹簧实体。弹簧参数为钢丝直径 5，高度 80，节距 10，底面半径 30，顶面半径 20。

1）选择图形样板，新建图形文件。

2）保存图形文件，名称为"图 8-20　弹簧实体"。

3）草图设置。开启【正交】、【对象捕捉】、【对象追踪】、【动态输入】等辅助绘图功能，设置常用对象捕捉方式。

4）绘制图形。

第 1 步：将视图切换到【前视】方向。

第 2 步：执行【螺旋】命令，绘制扫掠路径。单击【绘图】面板中的【螺旋】按钮，命令行提示如下：

选择底面的中心点：　　//在绘图窗口的适当位置捕捉一点作为底面中心点。

指定底面半径或[直径(D)]<10.0000>:30✓　　//输入半径值 30,确认。

指定顶面半径或[直径(D)]<30.0000>:20✓　　//输入半径值 20,确认。

指定螺旋高度或[轴端点(A)/圈数(T)/圈高(H)/扭曲(W)]<60.0000>:H✓

　　//输入命令 H,确认。

指定圈间距<6.0000>:10✓　　//输入节距值 10,确认。

指定螺旋高度或[轴端点(A)/圈数(T)/圈高(H)/扭曲(W)]<60.0000>:80✓

　　//输入高度值 80,确认。

第 3 步：将视图切换到【西南等轴测】方向，绘制完成的螺旋线如图 8-18 所示。

第 4 步：将视图切换到【前视】方向，执行【圆】命令，在螺旋线的上端点绘制半径为 2.5 的圆，如图 8-19 所示。

第 5 步：将视图切换到【西南等轴测】方向。

第 6 步：执行【扫掠】命令，命令行提示如下：

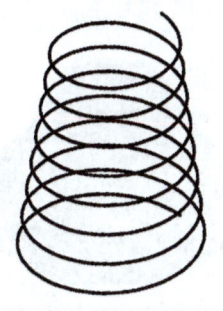

图 8-18 绘制螺旋线

图 8-19 绘制圆

选择要扫掠的对象： //选择圆。
选择要扫掠的对象： //按空格键,退出选择。
选择扫掠路径或[对齐(A)/基点(B)/比例(S)/扭曲(T)]： //选择螺旋线。
绘制完成的弹簧实体如图 8-20 所示。

四、由放样创建三维实体

通过【放样】命令,可以在包含两个或更多二维截面轮廓的一组轮廓中对轮廓进行放样来创建实体。

执行【放样】命令的方法如下：

- 功能区/工具栏：单击【放样】按钮。
- 菜单栏：单击【绘图】|【建模】|【放样】。
- 命令行：LOFT✓。

例 8-12 使用【扫掠】命令绘制放样实体,高度为 65,底面为正八边形,其内接圆半径为 60,顶面为 R30 的圆。

1) 选择图形样板,新建图形文件。
2) 保存图形文件,名称为"图 8-22 放样实体"。

图 8-20 弹簧实体

3) 草图设置。开启【正交】、【对象捕捉】、【对象追踪】、【动态输入】等辅助绘图功能,设置常用对象捕捉方式。
4) 绘制图形。

第 1 步：将视图切换到【俯视】方向。
第 2 步：执行【圆】命令,绘制半径为 30 的圆;执行【正多边形】命令,绘制内接圆半径为 60 的正八边形,该八边形的几何中心与半径为 30 的圆的圆心投影重合。
第 3 步：将视图切换到【西南等轴测】方向。
第 4 步：执行【移动】命令,将 R30 的圆沿 Z 轴正方向移动 65,如图 8-21 所示。
第 5 步：执行【放样】命令,命令行提示如下：
按放样次序选择横截面： //选择正八边形。
按放样次序选择横截面： //选择圆。
按放样次序选择横截面： //按空格键,退出选择。
输入选项[导向(G)/路径(P)/仅横截面(C)/设置(S)]<仅横截面>：✓
　　　　　　　　　　　　　　　　　　　　 //按空格键,确认仅横截面。

绘制完成的实体如图 8-22 所示。

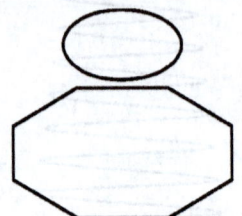

图 8-21 绘制草图

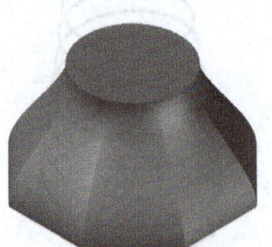

图 8-22 放样实体

提示：系统默认【横截面上的曲面控制】方式为【平滑拟合】，如果需要更改，可在最后一步输入命令 S↙，系统弹出【放样设置】对话框，如图 8-23 所示。从中选择需要的控制类型后，单击【确定】按钮。

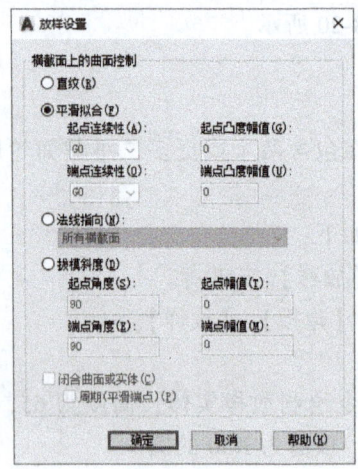

图 8-23 【放样设置】对话框

任务四 编辑三维实体

为了创建更复杂的三维实体，除了应用基本三维实体和一般三维实体命令外，还需要掌握常见的三维编辑操作。AutoCAD 2018 的三维编辑操作主要包括布尔运算、三维实体倒角边和圆角边，以及三维移动、旋转、镜像、阵列等。

一、布尔运算

通过布尔运算，可以对多个简单的三维实体、曲面或面域进行并集、差集及交集运算，从而创建复杂的三维实体。

1. 并运算

并运算用于将两个或多个面域或实体相加生成一个新的实体。

执行【并集】命令的方法如下：

- 功能区/工具栏：单击【并集】按钮◉。

- 菜单栏：单击【修改】|【实体编辑】|【并集】。
- 命令行：UNION ↙ 或 UNI ↙。

例 8-13 通过并集运算，将图 8-24a 所示的两个实体生成图 8-24b 所示的实体。

执行【并集】命令后，命令行提示如下：

选择对象： //通过矩形窗口选择两个实体。

选择对象： //按空格键，退出选择。

完成并集运算。

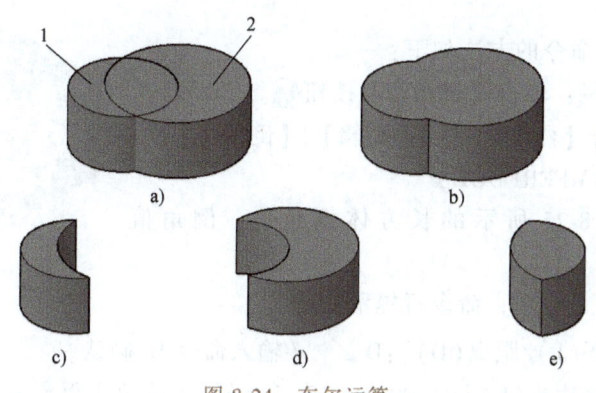

图 8-24 布尔运算

2. 差运算

差运算用于从相交的一个或多个实体/面域中减去一个或多个实体/面域，而生成一个新的实体。

执行【差集】命令的方法如下：

- 功能区/工具栏：单击【差集】按钮⊖。
- 菜单栏：单击【修改】|【实体编辑】|【差集】。
- 命令行：SUBTRACT ↙ 或 SU ↙。

例 8-14 通过差集运算，将图 8-24a 所示的两个实体生成图 8-24c 所示的实体。

执行【差集】命令后，命令行提示如下：

选择对象： //选择实体 1。

选择对象： //按空格键，退出选择。

选择对象:选择要减去的实体或面域… //选择实体 2。

选择对象： //按空格键，退出选择。

完成差集运算。

提示：如果先选择实体 2，再选择实体 1，则差集运算结果如图 8-24d 所示。

3. 交运算

交运算用于保留两个或多个相交实体/面域的共有部分，而生成一个新的实体。

执行【交集】命令的方法如下：

- 功能区/工具栏：单击【交集】按钮⊖。
- 菜单栏：单击【修改】|【实体编辑】|【交集】。
- 命令行：INTERSECT ↙ 或 IN ↙。

例 8-15 通过交集运算,将图 8-24a 所示的两个实体生成图 8-24e 所示的实体。

执行【交集】命令后,命令行提示如下:

选择对象: //通过矩形窗口选择两个实体。

选择对象: //按空格键,退出选择。

完成交集运算。

二、三维实体倒角边和圆角边

1. 倒角边

执行【倒角边】命令的方法如下:

- 功能区/工具栏:单击【倒角边】按钮。
- 菜单栏:单击【修改】|【实体编辑】|【倒角边】。
- 命令行:CHAMFEREDGE ↙。

例 8-16 对图 8-25 所示的长方体倒角边,倒角值为 C15。

图 8-25 倒角边

执行【倒角边】命令后,命令行提示如下:

选择一条边或[环(L)/距离(D)]:D↙　　//输入命令 D,确认。

指定距离 1 或[表达式(E)]<1.0000>:15↙　　//输入倒角边距离值 15,确认。

指定距离 2 或[表达式(E)]<1.0000>:15↙　　//输入倒角边距离值 15,确认。

选择一条边或[环(L)/距离(D)]:　　//选择要倒角的边,确认。

选择同一个面上的其他边或[环(L)/距离(D)]:↙　　//按空格键。

按<Enter>键接受倒角或[距离(D)]:↙　　//按空格,退出选择。

2. 圆角边

执行【圆角边】命令的方法如下:

- 功能区/工具栏:单击【圆角边】按钮。
- 菜单栏:单击【修改】|【实体编辑】|【圆角边】。
- 命令行:FILLETEDGE ↙。

执行【圆角边】命令的方法与执行【倒角边】命令的方法近似,在此不再赘述。

三、三维移动

执行【三维移动】命令的方法如下:

- 功能区/工具栏:单击【三维移动】按钮。
- 菜单栏:【修改】|【三维操作】|【三维移动】。
- 命令行:3DMOVE ↙。

例 8-17 如图 8-26a 所示,将球体移动到圆锥体的顶点,且球心与圆锥体的顶点重合。如图 8-26b 所示。

选中球体,执行【三维移动】命令后,命令行提示如下:

指定基点或[位移(D)]<位移>:　　//捕捉球心。

指定第二个点或<使用第一个点作为位移>:　　//捕捉圆锥体顶点。

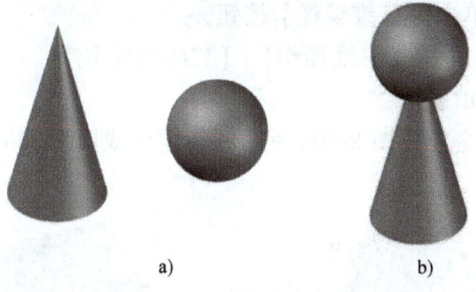

图 8-26　三维移动实体

四、三维旋转

执行【三维旋转】命令的方法如下：

1）功能区/工具栏：单击【三维旋转】按钮。

2）菜单栏：单击【修改】|【三维操作】|【三维旋转】。

3）命令行：选中对象，输入 3DROTATE↙。

例 8-18　如图 8-27a 所示，将两个圆柱体绕过点 O 且垂直于平面 ABCD 的轴线旋转 90°，如图 8-27b 所示。

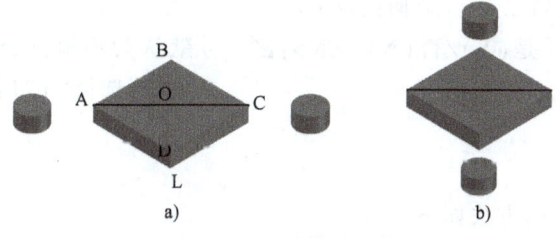

图 8-27　三维旋转实体

执行【直线】命令，绘制直线 AC。选中两个圆柱体，执行【三维旋转】命令后，系统显示旋转小控件，如图 8-28 所示。命令行提示如下：

指定基点：　　//捕捉点 O。

拾取旋转轴：　//单击旋转小控件中的蓝色旋转路径，系统显示旋转轴的矢量线 L，如图 8-29 所示。

指定角的起点或键入角度:90↙　//输入旋转角度 90，确认。

图 8-28　旋转小控件　　　　　　　图 8-29　指定旋转轴

五、三维镜像

执行【三维镜像】命令的方法如下：

- 功能区/工具栏：单击【三维镜像】按钮。
- 菜单栏：单击【修改】|【三维操作】|【三维镜像】。
- 命令行：3DMIRROR↙。

例 8-19 通过镜像命令，将图 8-30a 所示的楔体生成图 8-30b 所示的实体。

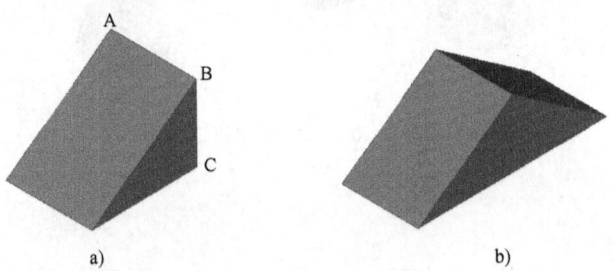

图 8-30 三维镜像实体

选中楔体，执行【三维镜像】命令后，命令行提示如下：
MIRROR3D[对象(O)/最近的(L)/Z轴(Z)/视图(V)/XY平面(XY)/YZ平面(YZ)/ZX平面(ZX)/三点(3)]<三点>：　//捕捉点 A。
在镜像平面上指定第二点：　//捕捉点 B。
在镜像平面上指定第三点：　//捕捉点 C。
是否删除源对象？[是(Y)/否(N)]<N>:↙　　//默认为不删除,确认；如果要删除源对象,则选择"Y"后确认。

六、三维阵列

执行【阵列】命令的方法如下：
- 菜单栏：单击【修改】|【三维操作】|【三维阵列】。
- 命令行：3DARRAY↙。

三维阵列分为矩形阵列和环形阵列，在此以环形阵列为例进行说明。

例 8-20 通过阵列命令，将图 8-31a 所示的立方体生成图 8-31b 所示的形状。

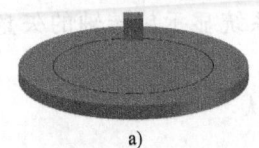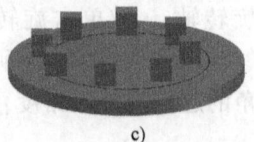

图 8-31 三维环形阵列

执行【阵列】命令后，命令行提示如下：
选择对象：　//选择立方体。
选择对象:↙　//按空格键,确认退出选择。
输入阵列类型[矩形(R)/环形(P)]<矩形>:P↙　//光标处动态选择环形或输入命令 P。
输入阵列中的项目数目:8↙　//输入阵列数目 8,确认。
指定要填充的角度(+=逆时针,-=顺时针)<360>:↙　//按空格键,确认角度为 360°。
旋转阵列对象？[是(Y)/否(N)]<Y>:↙　//按空格键,确认"是"。

指定阵列的中心点： //捕捉圆柱体顶面的圆心。
指定旋转轴上的第二点： //捕捉圆柱体底面的圆心。
提示：如果环形阵列中不旋转阵列对象，则阵列效果如图 8-31c 所示。

任务五 绘制机械零件三维实体

一、任务描述

运用三维实体的绘制和编辑命令绘制图 8-32 所示托架的三维实体。

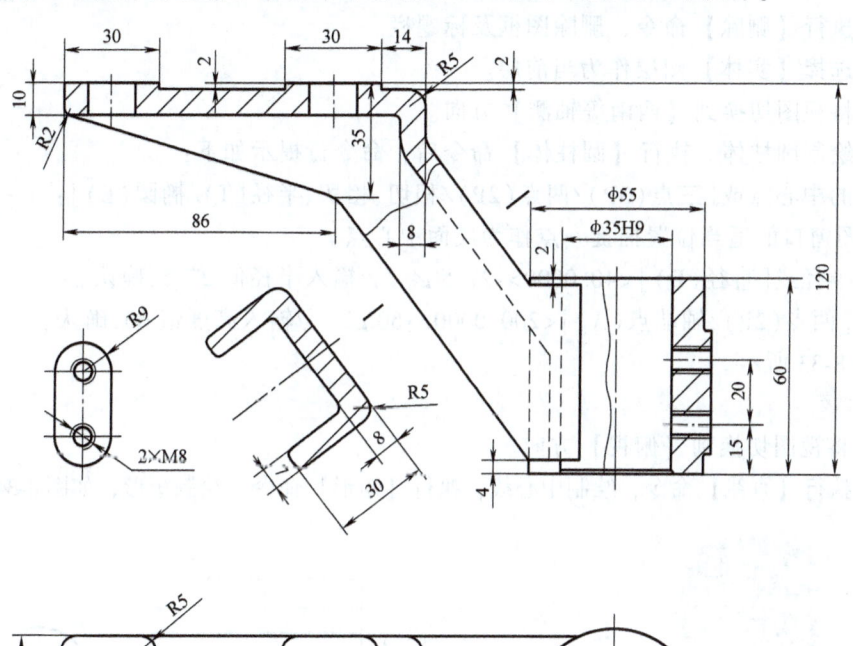

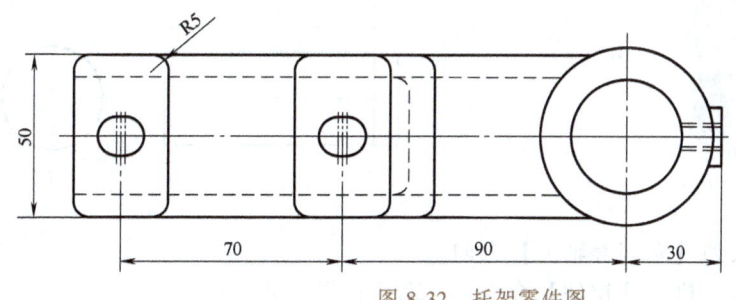

图 8-32 托架零件图

二、任务实施

1. 分析图形

图 8-32 所示托架由空心圆柱体、顶板、支承板及两个肋板组成，可以将各组成部分分别绘制后再按定位尺寸组合，最后进行布尔运算。

2. 新建图形文件
- 在文件夹中双击已保存的"A3 图形样板"文件。
- 执行【新建】命令，打开【选择样板】对话框，双击"A3 图形样板"文件。

3. 保存图形文件

转换为【三维建模】界面，执行【保存】命令，输入新建图形的名称"图8-32 托架实体"。

4. 草图设置

开启【正交】、【对象捕捉】、【对象追踪】、【动态输入】等辅助绘图功能，设置常用对象捕捉方式。

5. 新建图层

创建一个名为【实体】的图层，线型为连续线型、细实线，颜色自定。

6. 绘制圆柱体

第1步：执行【删除】命令，删除图框及标题栏。

第2步：选择【实体】图层作为当前层。

第3步：将视图切换到【西南等轴测】方向。

第4步：绘制圆柱体。执行【圆柱体】命令后，命令行提示如下：

指定底面的中心点或[三点(3P)/两点(2P)/相切、相切、半径(T)/椭圆(E)]：
　　//在绘图窗口的适当位置捕捉一点作为底面中心点。
指定底面半径或[直径(D)]<40.0000>:27.5↙　//输入半径值27.5,确认。
指定高度[两点(2P)/轴端点(A)]<200.0000>:60↙　//输入高度值60,确认。
结果如图8-33所示。

7. 绘制顶板

第1步：将视图切换到【俯视】方向。

第2步：执行【直线】命令，绘制中心线；执行【矩形】命令，绘制矩形，如图8-34所示。

图8-33　绘制圆柱体

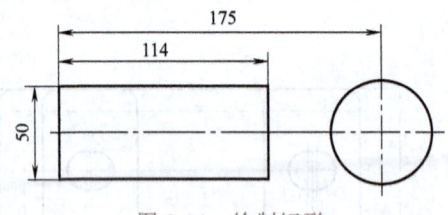

图8-34　绘制矩形

第3步：将视图切换到【东南等轴测】方向。

第4步：绘制长方体。执行【拉伸】命令后，命令行提示如下：

选择要拉伸的对象：　//选择矩形。
选择要拉伸的对象:↙　//按空格键,退出选择。
指定拉伸的高度或[方向(D)/路径(P)/倾斜角(T)]<20.0000>:8↙　//输入拉伸高度8,确认。
结果如图8-35所示。

第5步：移动长方体。执行【移动】命令后，命令行提示如下：

指定基点或[位移(D)]<位移>:　//捕捉长方体上的任意一点。
指定第二个点或<使用第一个点作为位移>:110↙　//光标沿Z轴正方向移动,输入移动距离"110",确认。

第6步：执行【并集】命令，将长方体与圆柱体合并为一个整体，结果如图8-36所示。

图 8-35　绘制立方体

图 8-36　移动长方体

8. 绘制顶板上的垫板

第1步：将视图切换到【东南等轴测】方向。

第2步：执行【矩形】命令，在顶板的上表面绘制长30、宽50的矩形，如图8-37所示。

第3步：执行【拉伸】命令，将矩形沿Z轴正方向拉伸，拉伸高度为2。

第4步：复制矩形。执行【复制】命令后，命令行提示如下：

指定基点或[位移(D)/模式(O)]<位移>：✓　　//捕捉长方体上的任意一点。

指定第二个点或<使用第一个点作为位移>：70✓　　//光标沿X轴正方向移动，输入复制距离70，确认。

第5步：执行【并集】命令，将实体合并为一个整体，结果如图8-38所示。

图 8-37　绘制矩形

图 8-38　复制长方体

9. 绘制顶板上的长圆孔

第1步：将视图切换到【东南等轴测】方向。

第2步：绘制长圆形。执行【直线】命令，在垫板的上表面绘制中心线；执行【圆】命令，绘制半径为6的圆；绘制直线；执行【修剪】命令，修剪图形，如图8-39所示。

第3步：执行【面域】命令，将长圆形生成面域。

第4步：执行【拉伸】命令，将长圆形沿Z轴负方向拉伸，拉伸高度为2。

第5步：执行【复制】命令，将长圆柱体沿X轴正方向复制70，如图8-40所示。

第6步：执行【差集】命令，命令行提示如下：

图 8-39 绘制长圆形

图 8-40 复制长圆柱体

选择对象：　　//选择合并后的实体。
选择对象：　　//按空格键,退出选择。
选择对象:选择要减去的实体或面域…
　　//选择长圆柱体。
选择对象：　　//选择长圆柱体。
选择对象：　　//按空格键,退出选择。
结果如图 8-41 所示。

图 8-41 差集运算

10. 绘制支承板

第 1 步：将视图切换到【东南等轴测】方向。

第 2 步：复制图形。单击【实体编辑】面板中的【复制边】按钮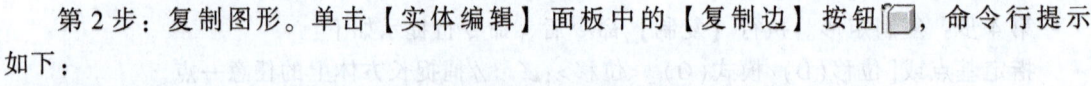,命令行提示如下：

选择边[放弃(U)/删除(R)]：　　//依次选择要复制的边,如图 8-42 所示。
指定基点或位移：　　//选择实体上的任意一点。
指定位移的第二点：　　//光标沿 X 轴正方向移动,输入复制距离 300,确认。
输入边编辑选项[复制(C)/着色(L)/放弃(U)/退出(X)]<退出>：　　//按空格键,退出
　　选择。
输入实体编辑选项[面(F)/边(E)/体(B)/放弃(U)/退出(X)]<退出>：　　//按空格键,
　　退出选择。

第 3 步：将视图切换到【主视】方向,如图 8-43 所示。

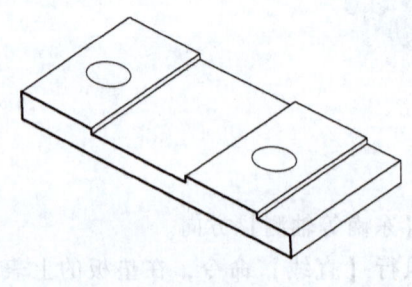
图 8-42 选择边

图 8-43 切换到【主视】方向

第4步：绘制二维图形。根据零件图，利用复制的边绘制支承板的二维视图，如图 8-44 所示。

提示：图中的双中心线为绘图参考线，暂时不要删除。

第5步：执行【面域】命令，将二维图形生成面域。

第6步：将视图切换到【东南等轴测】方向。

第7步：执行【拉伸】命令，将二维图形沿 Z 轴负方向拉伸，拉伸高度为 50，如图 8-45 所示。

第8步：执行【移动】命令，将支承板移动到实体的正确位置。

第9步：执行【并集】命令，将实体合并为一个整体，如图 8-46 所示。

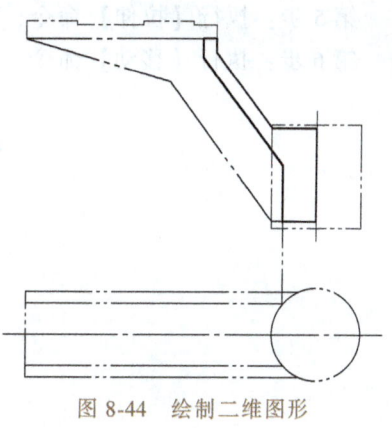

图 8-44 绘制二维图形

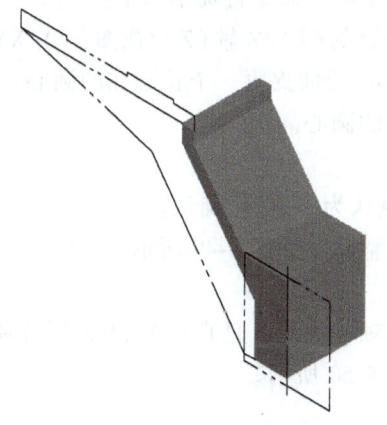

图 8-45 拉伸支承板

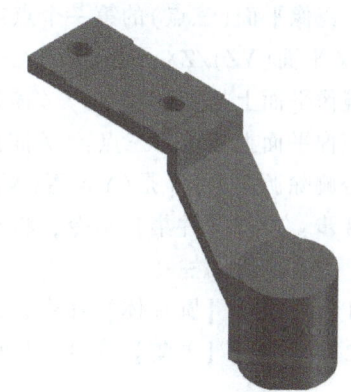

图 8-46 合并支承板

11. 绘制肋板

第1步：将视图切换到【前视】方向。

第2步：绘制二维图形。根据零件图，绘制肋板的二维视图，如图 8-47 所示。

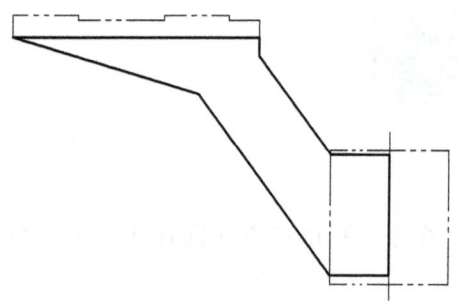

图 8-47 绘制肋板的二维视图

第3步：执行【面域】命令，将二维图形生成面域。

第4步：将视图切换到【东南等轴测】方向。

第5步：执行【拉伸】命令，将二维图形沿Z轴负方向拉伸，拉伸高度为7。
第6步：执行【移动】命令，将肋板移动到实体正确位置，如图8-48所示。

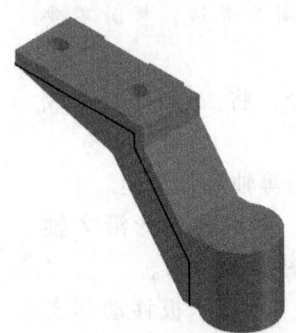

图8-48 移动肋板

第7步：镜像肋板。选中肋板，执行【镜像】命令后，命令行提示如下：
指定镜像平面(三点)的第一个点或[对象(O)/最近的(L)/Z轴(Z)/视图(V)/XY平面(XY)/YZ平面(YZ)/ZX平面(ZX)/三点(3)]<三点>：　//捕捉第一个长圆孔的圆心。
在镜像平面上指定第二点：　//捕捉第二个长圆孔的圆心。
在镜像平面上指定第三点：　//捕捉圆柱体的圆心。
是否删除源对象？[是(Y)/否(N)]<N>:✓　//默认为不删除,确认。
第8步：执行【并集】命令，将实体合并为一个整体，如图8-49所示。

12. 绘制 φ35 圆柱孔

第1步：执行【圆柱体】命令，绘制与圆柱体同轴、等高，且直径为35的圆柱体。
第2步：执行【差集】命令，生成圆柱孔，如图8-50所示。

图8-49 镜像、合并肋板

图8-50 绘制 φ35 圆柱孔

13. 绘制长圆凸台

第1步：执行【UCS】命令，利用三点在圆柱体底面的象限点建立用户坐标系，如图8-51所示。
第2步：根据零件图，绘制长圆凸台的二维视图，如图8-52所示。
第3步：执行【拉伸】命令，将二维图形沿Z轴正方向拉伸，拉伸高度为5，如图8-53所示。
第4步：执行【移动】命令，将长圆凸台沿Z轴负方向移动2.5。

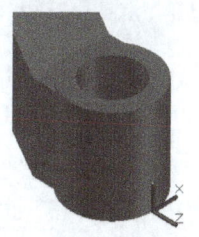
图 8-51 建立用户坐标系

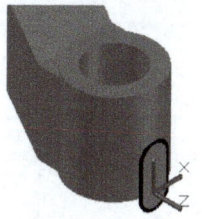
图 8-52 绘制长圆凸台的二维图形

第 5 步：执行【并集】命令，将实体合并为一个整体，如图 8-54 所示。

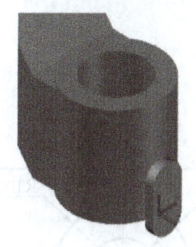
图 8-53 拉伸长圆凸台

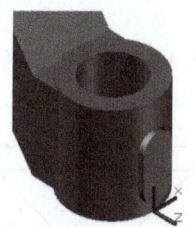
图 8-54 移动、合并长圆凸台

14. 绘制 φ8 圆柱孔

第 1 步：执行【圆柱体】命令，绘制与长圆凸台同轴、直径为 8、高度为 15 的圆柱体。
第 2 步：执行【差集】命令，生成圆柱孔，如图 8-55 所示。

15. 绘制圆角

执行【圆角】命令，绘制 R2 的圆角。

16. 保存图形。

完成托架零件的三维建模，如图 8-56 所示。

图 8-55 绘制 φ8 圆柱孔

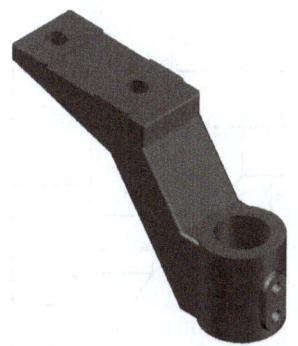
图 8-56 托架实体

附录

练 习 题

运用 AutoCAD 2018 中的各命令绘制以下图形。

1.

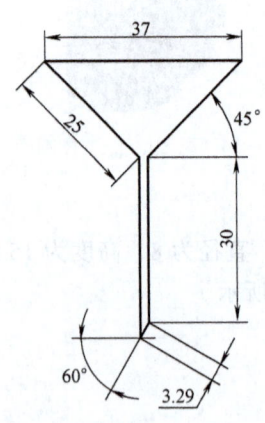

2.

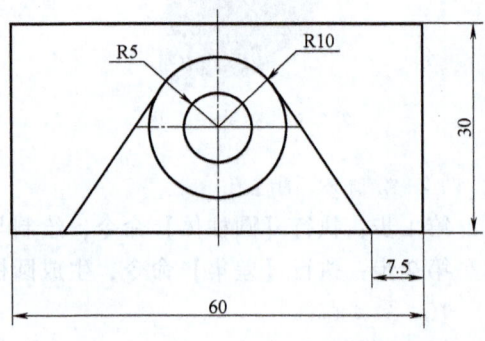

3.

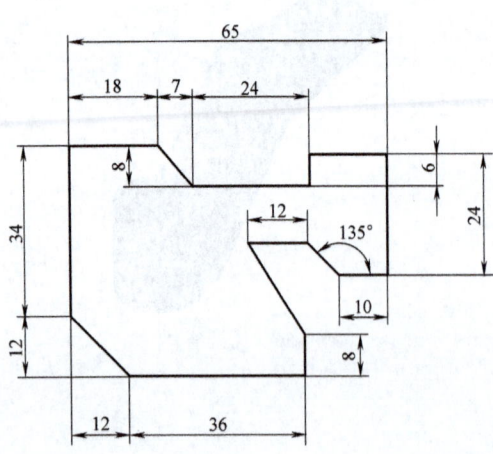

4.

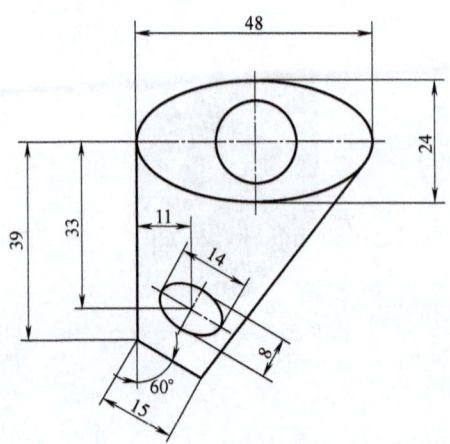

5.

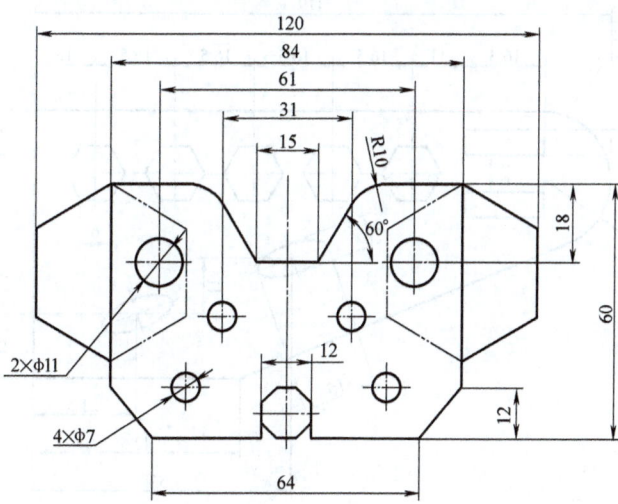

6.

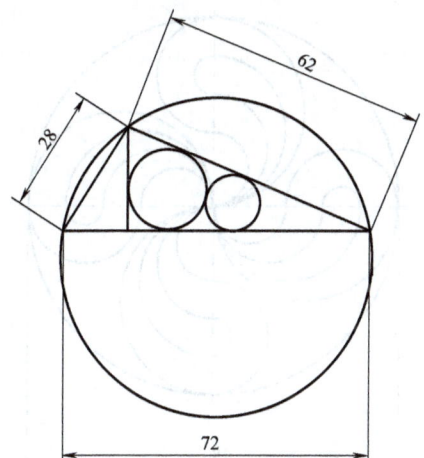

7.

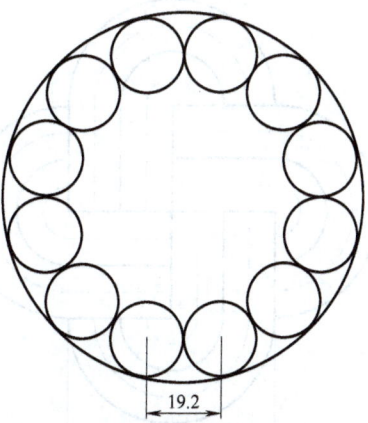

8.

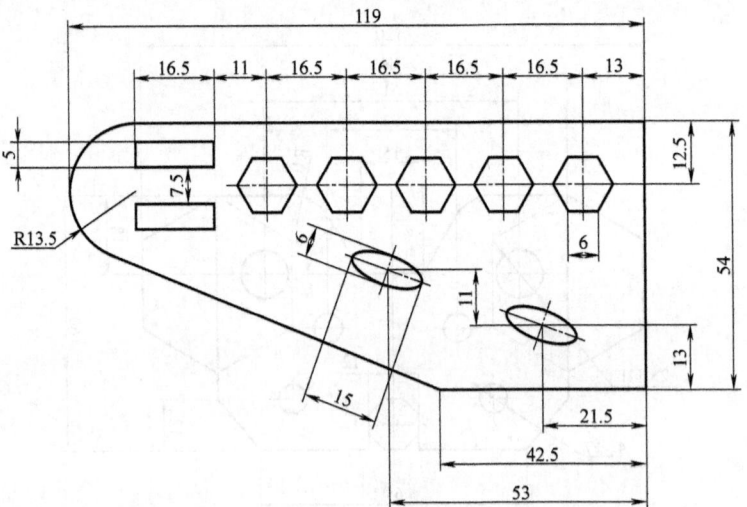

9.

10.

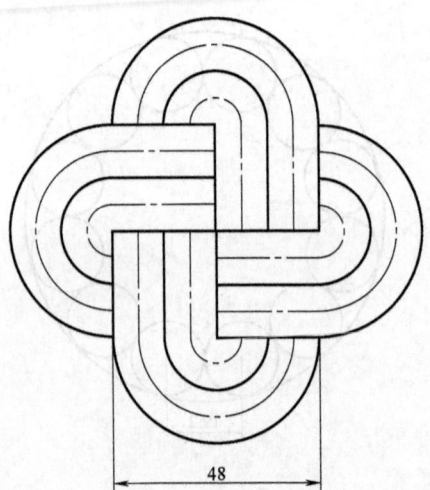

11.

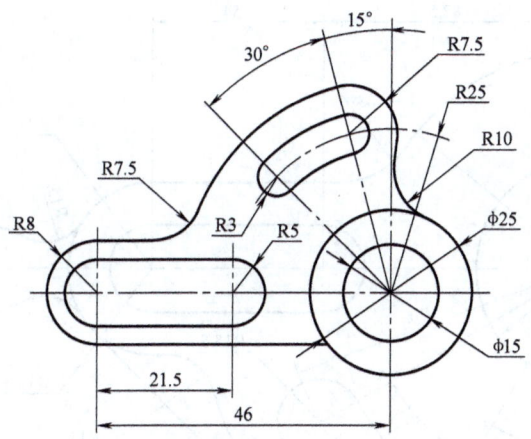

12.

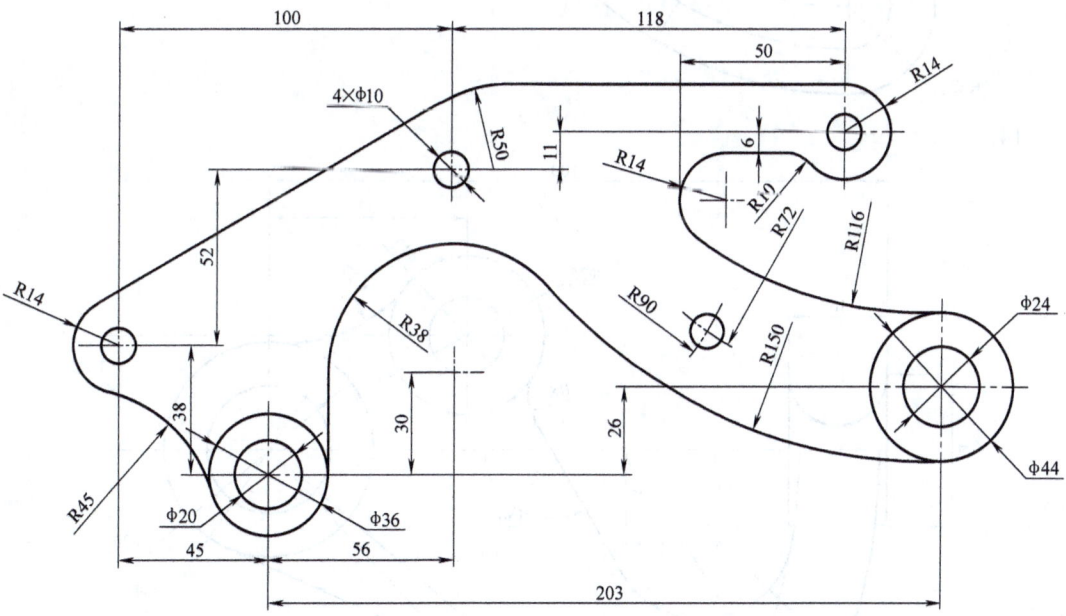

13.
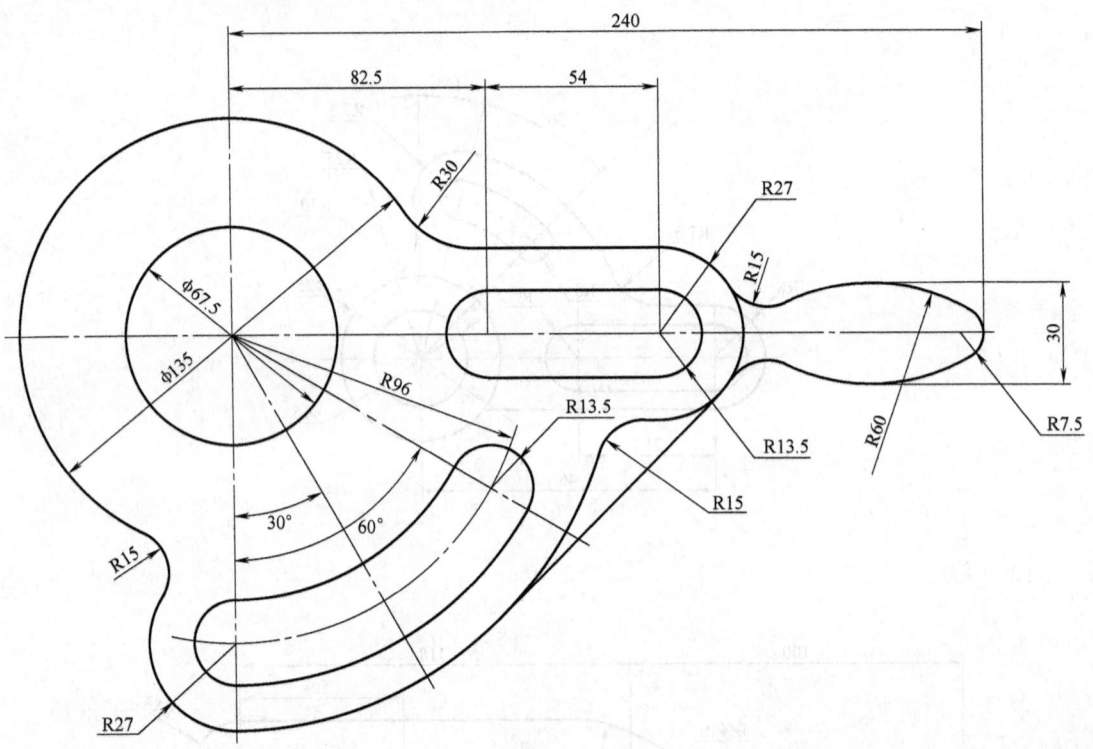

14.
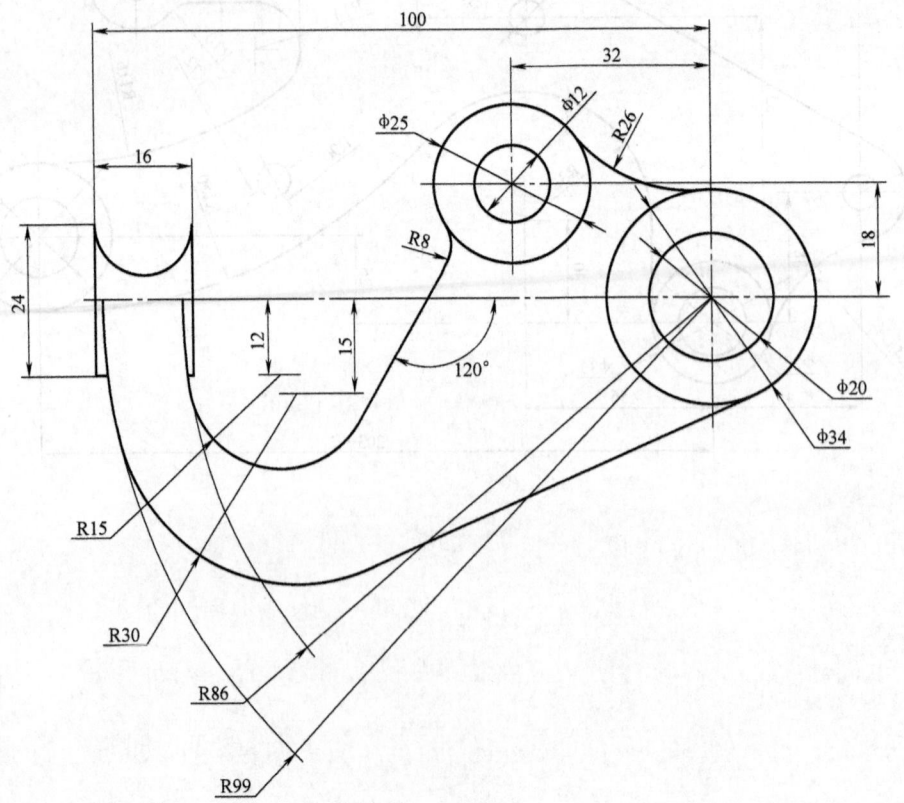

15.

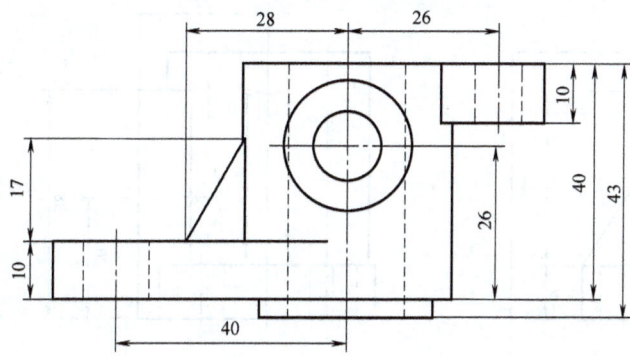
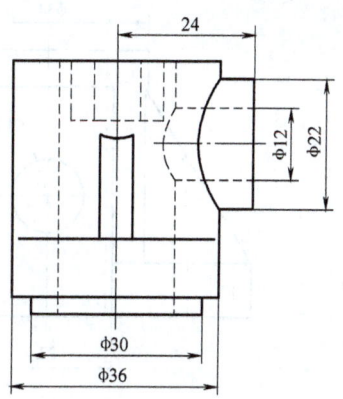
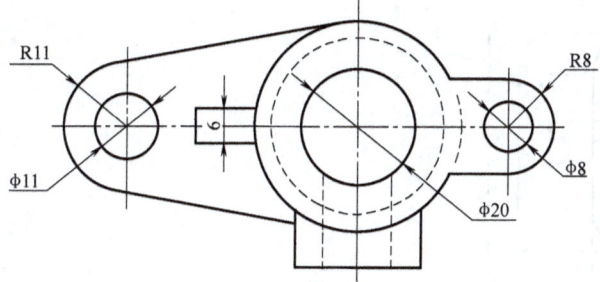

16.

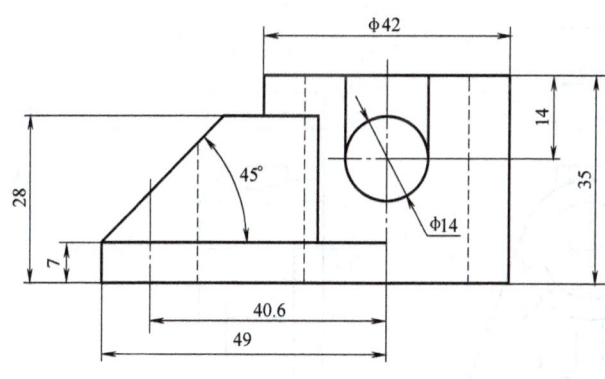
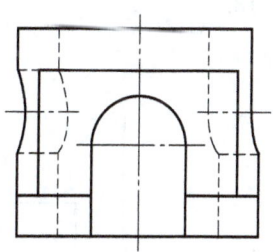
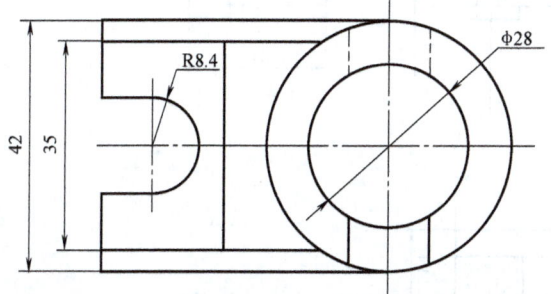

17.

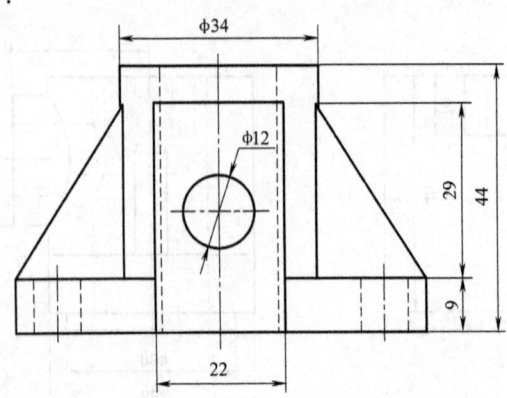
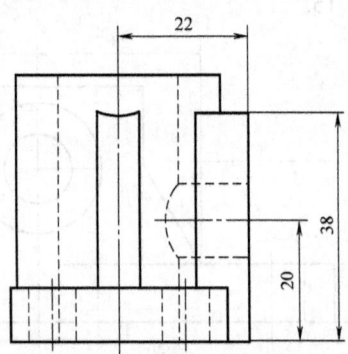
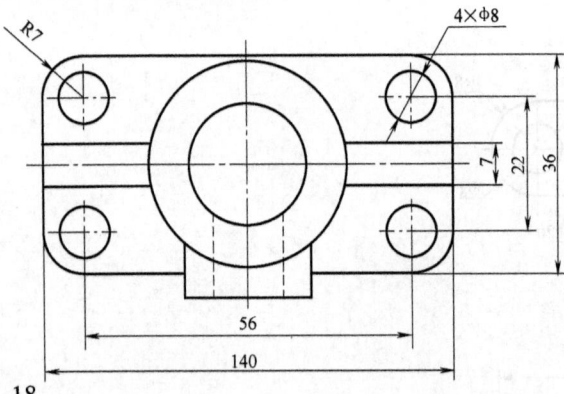

18.

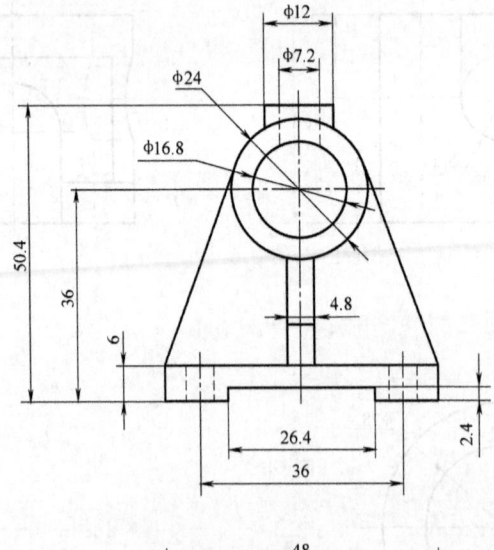
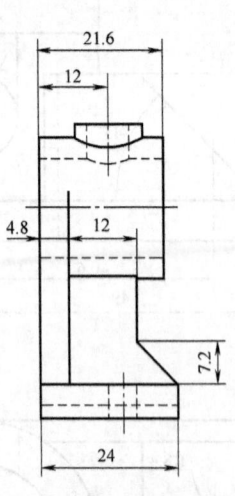
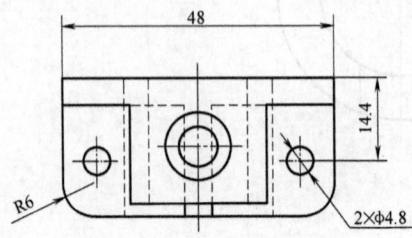

19.

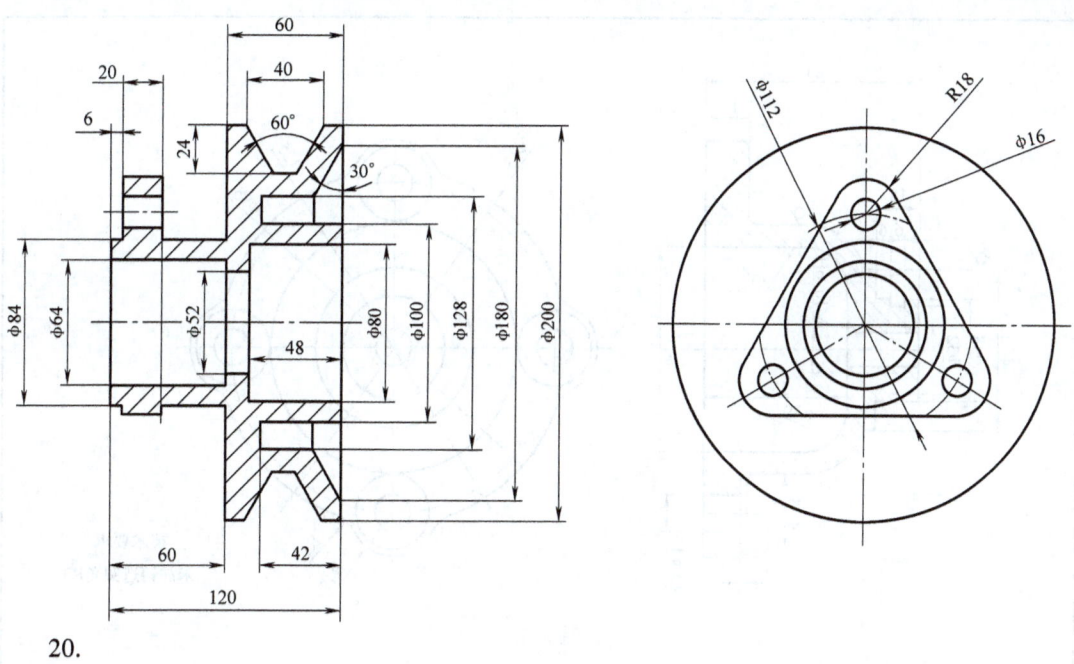

20.

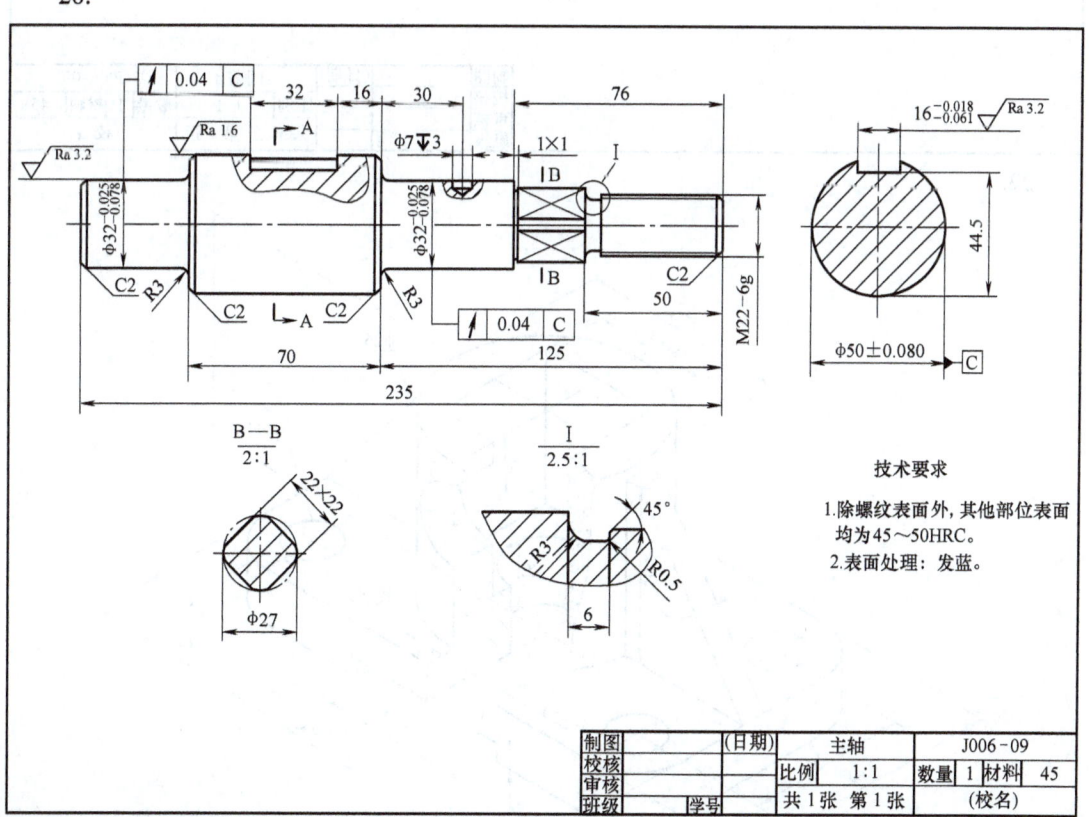

21.

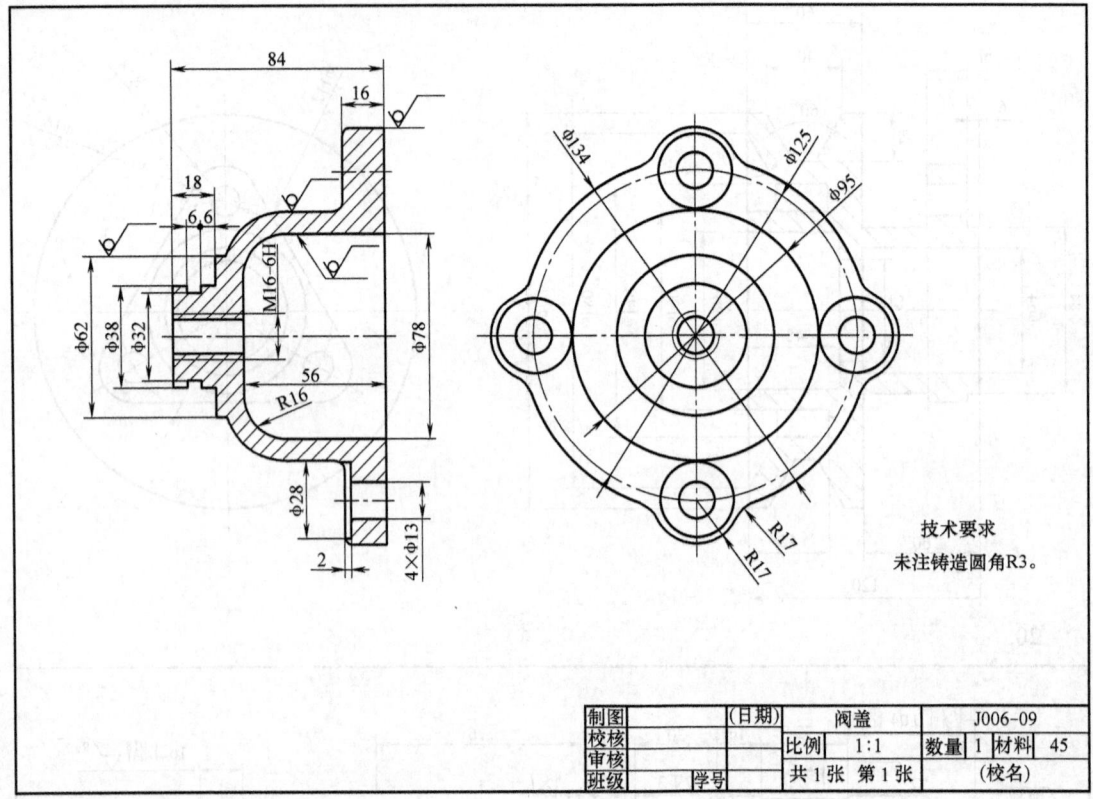

22.

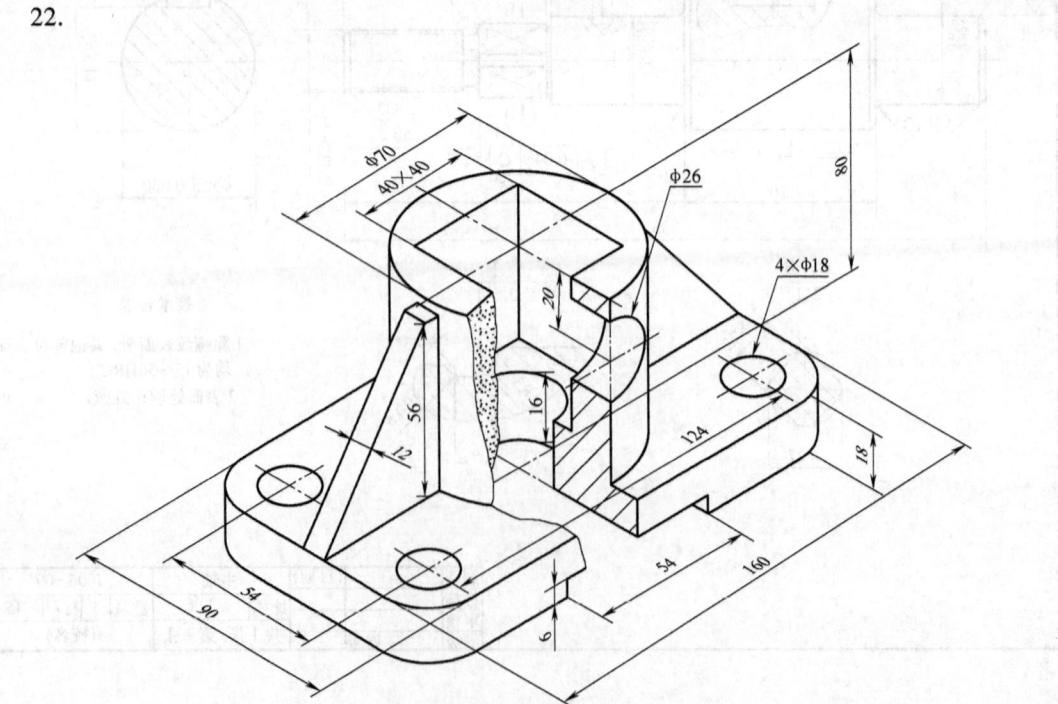

23.

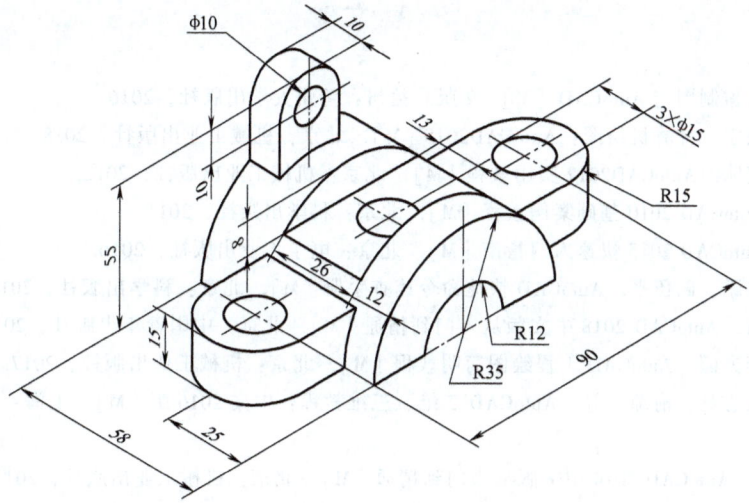

24.

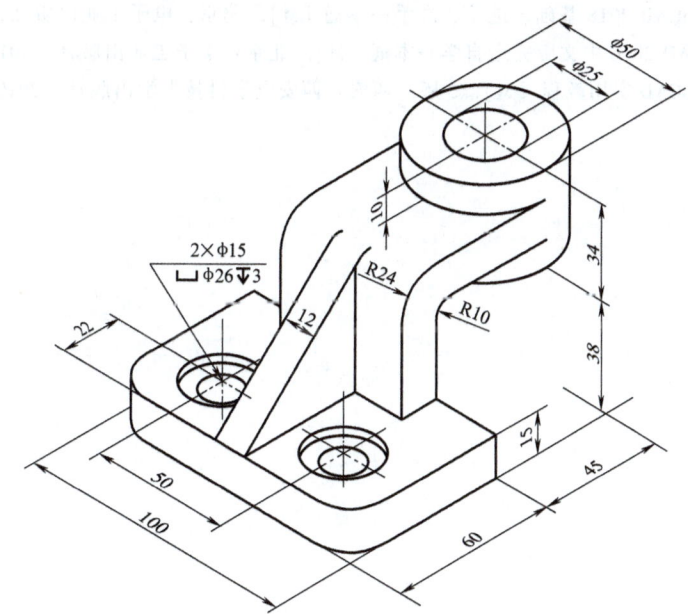

参 考 文 献

[1] 李宗义. 机械制图与 AutoCAD [M]. 2 版. 兰州：兰州大学出版社，2016.
[2] 王亮申，戚宁. 计算机绘图：AutoCAD2018 [M]. 北京：机械工业出版社，2018.
[3] 顾锋，左晓明. AutoCAD2012 实用教程 [M]. 北京：机械工业出版社，2012.
[4] 卓晓波. AutoCAD 2010 基础案例教程 [M]. 北京：科学出版社，2011.
[5] 和世强. AutoCAD 2015 快速入门指南 [M]. 北京：电子工业出版社，2016.
[6] 王文新，崔鹏，阎伍平. AutoCAD 快捷命令速查手册 [M]. 北京：科学出版社，2014.
[7] 王勇，王敬. AutoCAD 2018 中文版从入门到精通 [M]. 北京：中国青年出版社，2018.
[8] 郑发泰，李方园. AutoCAD 工程绘图简明教程 [M]. 北京：机械工业出版社，2017.
[9] 李良训，余志林，俞琼，等. AutoCAD 二维、三维教程：中文 2016 版 [M]. 上海：上海科学技术出版社，2016.
[10] 李波，等. AutoCAD 2014 中文版从入门到精通 [M]. 北京：机械工业出版社，2014.
[11] 董祥国. AutoCAD 2014 应用教程 [M]. 南京：东南大学出版社，2014.
[12] 张云杰. AutoCAD 2018 基础、进阶、高手一本通 [M]. 北京：电子工业出版社，2018.
[13] 尹媛. AutoCAD 2016 中文版完全自学一本通 [M]. 北京：电子工业出版社，2016.
[14] 邱志惠. AutoCAD 实用教程 [M]. 3 版. 西安：西安电子科技大学出版社，2010.